Christoph
MOSER

Everyone a Leader

Was Führungskräfte vom Militär lernen können

green PRINT

avBUCH

LIEBE LESER*INNEN,

wir freuen uns, dass wir Ihnen mit unserem Buch neue Inspiration liefern dürfen und hoffen, es wird Ihnen gefallen.
Weitere Leseabenteuer mit verbriefter Fachinformation finden Sie auf **www.cadmos.de.**
Wenn Sie mit uns in Verbindung treten oder Ihre Erfahrungen teilen wollen, dann tun Sie das bitte unter:
https://www.facebook.com/cadmosverlag
https://www.instagram.com/cadmosverlag/
oder per Mail an info@cadmos.de

Wir freuen uns schon jetzt über Ihr Feedback!

ISBN: 978-3-8404-8564-0, 1. Auflage 2024

Deutsche Nationalbibliothek – CIP-Einheitsaufnahme
Die Deutsche Nationalbibliothek verzeichnet diese Publikation in der Deutschen Nationalbibliografie; detaillierte bibliografische Daten sind im Internet über http://dnb.ddb.de abrufbar.

Viel Freude mit diesem Buch wünscht Ihnen Ihr CADMOS-Team:

Projektleitung: Brigitte Schweinegger, Cadmos Verlag
Autor: Christoph Moser
Lektorat: Agnes Trosse
Coveridee und Konzept: Christoph Moser
Grafisches Konzept Innenteil und Satz: Markus Bürger
Illustrationen Umschlag: Shutterstock/Zorana Matijasevic, csnty, Aleksandar Videnovic, eamesBot
Illustrationen Innenteil: Shutterstock/NastyaBob; pixabay/GDJ; Christoph Moser

Wir übernehmen Verantwortung:
Dieses Buch wurde anhand ausgewählter Qualitätskriterien ressourcenschonend und schadstofffrei in Cadmos Qualität für Sie hergestellt.
Das verwendete Papier für Kern und Cover ist FSC®-zertifiziert, der Druck erfolgte CO_2-neutral.
Der Inhalt ist auf Magno matt 135 g/m² mit 1,01 Volumen für Sie gedruckt, ein matt gestrichenes Bilderdruckpapier, das die Farben leuchten lässt und dem Inhalt einen hochwertigen Charakter verleiht.
Das Cover wurde auf Peyvida puro 270g/m² gedruckt einem Naturkarton mit ansprechender Optik und Haptik.
Auf Laminierung und Einschweißen in Plastikfolie verzichten wir – für unsere Umwelt und unsere Zukunft.
Gedruckt und gebunden wurde dieses Buch in der EU (wir wollen lange Transportwege vermeiden), bei unserem langjährigen, bewährten Druckpartner GRASPO (www.graspo.com).

FSC www.fsc.org
MIX
Papier | Fördert gute Waldnutzung
Paper | Supporting responsible forestry
FSC® C010798

Product footprint
CO_2 Neutral
PBN-CFMC-059235
www.preferredbynature.org

Uns ist wichtig:
Gender-Erklärung: Alle Geschlechter sollen sich gleichermaßen wahrgenommen und wertgeschätzt fühlen. Im Sinne eines flüssigen Lesevergnügens verzichten wir jedoch auf die Verwendung von geschlechterspezifischen Sprachformen (m/w/d). Wo dies möglich ist verwenden wir neutrale Formulierungen oder bemühen uns, alle Formen mit einzubeziehen. Sämtliche Personenbezeichnungen gelten gleichermaßen für alle Geschlechter!

Inhaltsverzeichnis

Vorwort

Vor allem getrieben durch Globalisierung und Digitalisierung und nicht zuletzt beschleunigt durch Pandemie, Klimakrise und geopolitische Konflikte befinden wir uns in einem hochdynamischen Geschäftsumfeld, das von Schnellebigkeit, Komplexität und Unsicherheit geprägt ist. In dieser digitalen und zunehmend vernetzten Welt wird Technologie immer leichter austauschbar, Wissen hat eine immer kürzere Halbwertszeit und Entscheidungen müssen in Echtzeit, vor Ort und nahe beim Kunden getroffen werden. In diesem Umfeld wird die Führung von Menschen zu einem kritischen Erfolgsfaktor, der von Mitbewerbern nur schwer kopiert werden kann.

Die Forderung nach hoher Selbstbestimmung der Mitarbeiter, agile Strukturen, dezentrale Teams, Home Office und häufige Zusammenarbeit mit Externen stellen Führungskräfte vor große Herausforderungen. Um diese erfolgreich bewältigen zu können, bedarf es eines Wandels des Managements hin zu einem Leadership, das in der Lage ist, Rahmenbedingungen zu schaffen, um auch dezentral und autonom agierende Einheiten effektiv steuern zu können. Die klassische hierarchische Führung, die unter dem Schlagwort „Command und Control" häufig mit dem Militär in Verbindung gebracht wird, stößt dabei zunehmend an ihre Grenzen. No Hierarchy, Agilität, Selbstorganisation und Purpose sind die Schlagworte der Beratungsfirmen, die für viele Organisationen wie Unternehmen, Verbände, NGOs (Non-Profit-Organisationen) tätig werden und schnelle Lösungen versprechen.

Aber all diese modernen Ansätze brauchen im Kern Führungskompetenz, ohne die auch die beste Methode wenig bewirken kann. Führung ist immer dann wichtig, wenn nicht alles nach Plan läuft, wenn das Risiko hoch ist und wenn kritische Entscheidungen getroffen werden müssen. Führen bedeutet also, Entscheidungen zu treffen und dafür die Verantwortung zu übernehmen.

Ironischerweise wird gerade dem Militär diese Führungskompetenz zugeschrieben, da insbesonders in Krisenzeiten immer wieder auf dessen Know-how zurückgegriffen wird, wenn es darum geht, komplexe Themen schnell zu bewältigen.
Als ehemaliger Offizier der Spezialeinsatzkräfte des Österreichischen Bundesheeres hatte ich die Möglichkeit, eine in der Öffentlichkeit weniger bekannte, dynamische Seite des Militärs, abseits von starren Hierarchien und reinen Befehlsempfängern, kennen zu lernen. Um in einem dynamischen Umfeld jenseits des Kasernenalltags erfolgreich agieren zu können, greifen westliche Streitkräfte auf eine über 150 Jahre alte und bewährte Führungsphilosophie zurück, die so genannte „Auftragstaktik".

Diese Auftragstaktik, auch „Führen durch Auftrag" genannt, ermöglicht es, zwei grundsätzlich gegensätzliche Elemente miteinander zu verbinden: Stabilität in der Zielsetzung bei gleichzeitiger Dynamik in der Zielerreichung. Das zugrundeliegende Führungsmodell, das sich stark am Purpose orientiert, befähigt Führungskräfte aller Ebenen, das gesamte kreative Potenzial ihres Teams in eine gemeinsame Richtung zu lenken. So gelingt schnelles und eigenverantwortliches Handeln vor Ort oder beim Kunden, immer im Sinne der Organisation - ein klarer Wettbewerbsvorteil in unserer vernetzten und dynamischen Welt.

Im Rahmen meiner Führungstätigkeit in verschiedenen Bereichen der Privatwirtschaft war ich überrascht, wie einfach, universell anwendbar, höchst effektiv und doch wenig verbreitet diese grundlegenden Führungsprinzipien und -instrumente außerhalb des Militärs sind. Gerade die Stärken militärischer Führung, wie klare Zielvorgaben, strukturierte Entscheidungsfindung, transparente Kommunikation und ständige Anpassung an die jeweilige Situation, gelten heute als Kernkompetenzen des Managements. In diesem Buch zeige ich anhand vieler praktischer Beispiele, wie diese Fähigkeiten erlernt und in der eigenen Führungsrolle angewendet werden können. So werden Führungskräfte nicht nur ihre Ziele erfolgreicher erreichen, sondern auch zufriedenere Mitarbeiter und Chefs haben und eine bessere Work-Life-Balance für sich und ihr Umfeld ermöglichen.

Wie dieses Buch zu lesen ist

Das vorliegende Buch ist aus einem Workshop entstanden, den ich regelmäßig an verschiedenen Fachhochschulen durchführe. Beim Schreiben war es mir wichtig, das Buch so interaktiv wie möglich zu gestalten, um dich zum Nachdenken anzuregen. Deshalb habe ich z. B. Reflexionsfragen eingebaut und spreche dich aktiv mit „Du" an. Betrachte das Buch als eine Art Workshop mit dir selbst zum Thema „Erfolgreiches Führen in einer vernetzten und dynamischen Welt". Ziel ist es, dir die Möglichkeit zu geben, einen einfachen und effektiven Führungsansatz kennenzulernen und anhand konkreter Fragen sofort die Relevanz für dich und dein Team abzuleiten. Die Fragen, Tipps und Beispiele sind durch eine einheitliche Kennzeichnung (z. B. nächste Frage) hervorgehoben und geben dir die Möglichkeit, das Lesen kurz zu unterbrechen und deine Gedanken zum jeweiligen Thema zu notieren.

Schreibst du am liebsten direkt im Buch oder auf einem extra Block?

Du kannst entweder direkt ins Buch schreiben oder dir ausführliche Notizen und Visualisierungen deiner Gedanken in einem Notizblock machen. Ich empfehle dir einen Notizblock oder ein digitales Notepad, denn wenn du alle Fragen für dich beantwortest, hast du am Ende des Buches konkrete Punkte, die du im Alltag umsetzen kannst, um dich und dein Team ein Stück erfolgreicher zu führen.

Das Buch selbst ist in drei Teile gegliedert. Im ersten Teil schauen wir uns zunächst an, vor welchen Herausforderungen Führungskräfte in unserer vernetzten Welt stehen und welche Lösungsansätze das Militär im Laufe der Jahrhunderte dafür entwickelt hat. Im zweiten Teil geht es darum, wie du als Führungskraft diese Lösungsansätze in deinem Alltag nutzen kannst, um in einem dynamischen Umfeld erfolgreich zu sein. Im dritten Teil erarbeiten wir, wie du dieses Wissen mit deinem Team und in deiner Organisation umsetzen kannst, um noch effektiver zu werden.

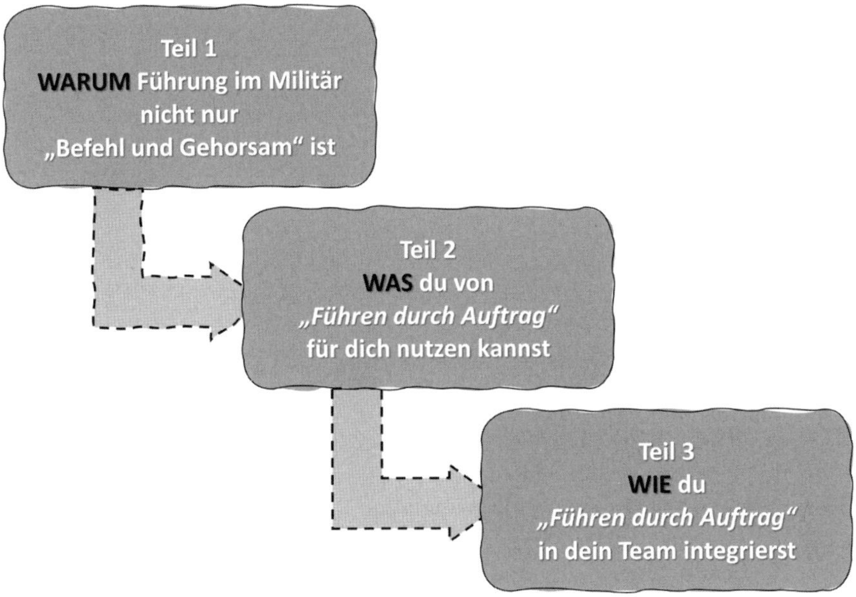

Das Militär wird von mir in diesem Buch als Beispiel herangezogen, um Elemente oder Fähigkeiten darzustellen und abzuleiten, die für die Führung in einem vernetzten und dynamischen Umfeld sinnvoll und nutzbar sind. Ich will Streitkräfte weder glorifizieren noch verteufeln. Es kommt vielmehr darauf an, wie sie eingesetzt werden - als Bedrohung oder zum Schutz der Bevölkerung?

Wie du beim Lesen des Buches sicher feststellen wirst, sehe ich Vielfalt als Wettbewerbsvorteil und Gleichbehandlung als Selbstverständlichkeit an. Dennoch halte ich die Schaffung der notwendigen Rahmenbedingungen für Diversity für wichtiger und hilfreicher als die Nennung aller Geschlechter in schriftlichen Arbeiten. Ich verwende daher bewusst das generische Maskulinum, um die Lesbarkeit dieses Textes zu erleichtern.

Los geht's!

Teil 1: WARUM Führung im Militär nicht nur „Befehl und Gehorsam" ist

„Kein Plan überlebt den ersten Kundenkontakt."

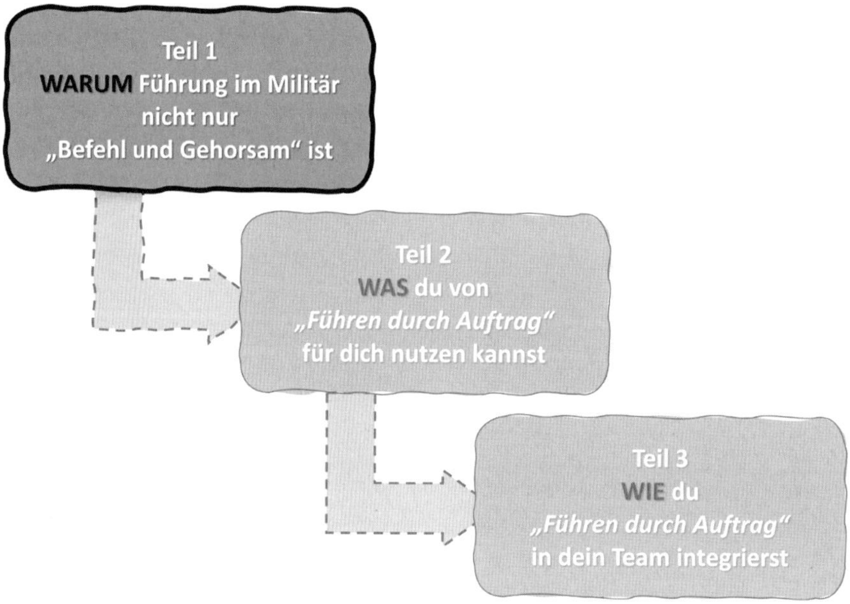

1 BEGINNEN WIR MIT EINEM GEDANKENEXPERIMENT …

Stell dir vor, du hast vor kurzem als Führungskraft ein großes Team übernommen und verschaffst dir einen Überblick über die Ausgangssituation. Die Branche, in der du tätig bist, befindet sich im Umbruch durch revolutionäre Entwicklungen, vorwiegend in den Bereichen Kommunikation, Infrastruktur und Technologie.

Du beschreibst dein Unternehmen folgendermaßen:
Marke: Dein Unternehmen hat einen ausgezeichneten Ruf und steht für Best Practice in deiner Branche.
Strategie: Dein Unternehmen kann auf eine lange Erfolgsgeschichte zurückblicken, aber seit einiger Zeit sinkt der Marktanteil und die Profitabilität ist rückläufig.
Struktur: Dein Unternehmen ist funktional aufgebaut und stark hierarchisch geprägt.

Prozesse: Jede Rolle hat klar definierte Aufgaben, Kompetenzen und Verantwortlichkeiten. Deine umfassende Prozesslandschaft macht dich sehr effizient.

Deine größten Herausforderungen machst du an drei Dingen fest:
Information: Du musst Entscheidungen unter hoher Unsicherheit treffen, da du nicht über alle Informationen verfügst, die du gerne hättest.
Ziele: Du erkennst, dass es viele Zielkonflikte und unterschiedliche Zielvorstellungen auf den verschiedenen Managementebenen und in den funktionalen Einheiten gibt.
Handlungen: Du nimmst viele, oft gut gemeinte, unkoordinierte und eigenständige Handlungen deiner Führungskräfte und Teams wahr.

Nachdem du deine Ausgangssituation bewertet hast, kommst du zu dem Schluss, dass sich die Welt rasant verändert und zu einem Ort voller Unsicherheit und Komplexität geworden ist. Es scheint keine einfachen Entscheidungen und Antworten zu geben und deine Pläne müssen in der Praxis häufig verworfen oder angepasst werden. Du versuchst dies in Worte zu fassen und sagst zu dir selbst: „Kein Plan überlebt den ersten Kundenkontakt."
Du beschließt, dass du handeln musst, wenn du in dieser neuen, dynamischen Welt nachhaltig erfolgreich sein willst. Du fragst dich, wie du dein Team zukünftig ausrichten sollst, und stehst vor der Wahl zwischen starker Kontrolle und hoher Autonomie.

Markiere deine Entscheidung in der Abbildung unten mit einem X.

Wie entscheidest du dich?

- Setzt du eher auf Zentralisierung, strenge Vorgaben und nimmst die Zügel in die Hand?
- Vertraust du voll und ganz darauf, dass deine Mitarbeiter und Führungskräfte die richtigen Entscheidungen treffen?
- Oder gehst du den Weg der goldenen Mitte und wählst aus beiden Richtungen verschiedene Elemente?

Nun hast du dich entschieden. Weißt du schon, von welcher Organisation ich gesprochen habe? Ja? Mal sehen, ob du richtig liegst...

Auflösung

Unser zugegebenermaßen verallgemeinerndes und mit zeitgenössischen Begriffen beschriebenes Beispiel basiert auf der preußischen Armee des 19. Jahrhunderts und ihrem Generalstabschef ***Helmuth von Moltke.***

Helmuth von Moltke (1800 - 1891)

Was hat diese Organisation, die oft als Paradebeispiel für Bürokratie gilt, mit moderner Führung zu tun? Nehmen wir uns die Zeit, die Situation genauer zu betrachten, denn „so schnell schießen die Preußen bekanntlich nicht".
Beginnen wir mit der bereits erwähnten Revolution - der industriellen Revolution, die im 19. Jahrhundert alle Lebensbereiche durchdringt. „Drill und Disziplin" sind die Mittel der Wahl, sei es beispielsweise beim Schichtdienst in der Fabrik, bei der Einführung von Stundenplänen in der Schule oder eben bei den Dienstplänen im Militär[1]. Die Veränderungen zeigen sich insbesondere in drei Bereichen[2]:

Kommunikation: Die Entwicklung und flächendeckende Nutzung der Telegrafie ermöglichte erstmals einen Informationsaustausch nahezu in Echtzeit.
Infrastruktur: Der starke Ausbau der Eisenbahnlinien ermöglichte die Verlegung und Verstärkung von Truppen über weite Entfernungen in wenigen Stunden statt wie bisher in Tagen oder Wochen.
Technologie: Die Erhöhung der Präzision und der Schussfrequenz von Gewehren sowie die verheerende Wirkung von Sprengmunition bei Kanonen zwangen die ehemals geschlossenen Infanterieverbände zur Aufteilung in mehrere kleine Einheiten.

Die Kombination dieser drei Faktoren hatte zwei wesentliche Auswirkungen auf die damaligen Streitkräfte:
1. Eine Dezentralisierung des Gefechtsfeldes von ehemals großen, geschlossenen Verbänden hin zu kleineren, beweglichen Einheiten.
2. Eine zunehmende Dynamik für die Führung, verursacht durch die nun mögliche schnelle Verlegung von Truppen über große Entfernungen und die durch Echtzeitinformationen mögliche schnelle Reaktion auch auf weit entfernten Schauplätzen.

All dies erschwert oder verhindert die bis dahin bewährte zentrale Führung der Armee durch einen „genialen" Feldherrn, der von seinem Feldherrenhügel aus alles überblickt und steuert.

1 Eberhard Birk, Moltke und Königgrätz im Spannungsfeld Militärischer Revolution und Revolution in Military Affairs (RMA), 2010, ÖMZ-Online
2 Eberhard Birk, Anmerkungen zur Funktionsfähigkeit des Bundesheeres des Deutschen Bundes bis 1866, 2016, ÖMZ

In diesem Kontext befindet sich die einst als Vorzeigearmee Europas bekannte preußische Armee in einem Umbruch, der zusätzlich durch eine vernichtende Niederlage im Jahr 1806 bei Jena und Auerstedt durch die französische Armee befeuert wird. Betrachten wir die drei wesentlichen Elemente, die vorwiegend in Kombination, zu dieser Niederlage führten:
1. Organisation = Maschine: Die preußische Militärführung betrachtet die Armee als perfekt geölte Maschine, und wenn eine Organisation rein mechanisch gedacht wird, dann sind Menschen nur Rädchen in einem System mit klarer, vordefinierter Aufgabe. Abweichungen werden nicht geduldet, was zu Kadavergehorsam führt – „Kein Handeln ohne Befehl".
2. Strategie = Mathematik: Wenn das Gedankenkonstrukt eine Maschine ist, dann ist die Funktionsweise exakt planbar und Strategie wird zur Wissenschaft, zur reinen Mathematik, in der es nur einen Lösungsweg und ein richtiges Ergebnis gibt.
3. Fehlende Innovationsbereitschaft: Die Führungskräfte der preußischen Armee sind stark überaltert, erfolgsverwöhnt durch die Reputation vergangener Siege und sehen keine Notwendigkeit, ihr „Erfolgsmodell" weiterzuentwickeln. Sie handeln nach dem Motto „Never change a winning system".

Was können wir aus diesem Beispiel für die heutige Zeit lernen?

- Wo siehst du Parallelen zu heute?
- Welcher Wandel oder Umbruch betrifft die Branche, in der du arbeitest?
- Gibt es Parallelen zu deinem eigenen Team, vielleicht sogar zu deiner eigenen Organisation?
- Was bedeutet das für dein Geschäftsmodell oder für das deiner Organisation?
- Was bedeutet das für dich, dein Team oder deine Organisation in Bezug auf Strategie, Struktur und Arbeitsweise?

2 LEADERSHIP IN EINER VERNETZTEN WELT

Digitalisierung und Globalisierung verändern unseren Alltag und führen zu einer Welt vernetzter Systeme mit neuen und komplexen Spielregeln. Der Wettbewerbsdruck steigt, die Veränderungsgeschwindigkeit nimmt zu und bestehende Geschäftsmodelle können quasi über Nacht von nahezu jedem Ort der Welt in Frage gestellt werden.
Das alles mag beängstigend klingen, aber die Rahmenbedingungen sind für alle recht ähnlich und die beschriebenen Risiken können auch als Chancen erkannt und genutzt werden. Auf einer Metaebene lassen sich diese Rahmenbedingungen der digitalen Revolution ähnlich wie in unserem vorangegangenen Gedankenexperiment darstellen:

Kommunikation: Soziale Medien führen mit ihrer Informationsdichte und -geschwindigkeit zu einer quasi 24/7-Information in „Echtzeit" für praktisch jeden Menschen mit Internetzugang, erschweren aber auch die Unterscheidung zwischen verifizierter Information und

Falschmeldung. Digitale Werkzeuge wie Videotelefonie oder digitale Whiteboards ermöglichen die Zusammenarbeit im virtuellen Raum, unabhängig von der räumlichen Distanz.
Infrastruktur: Physische Infrastrukturen wie Hardware oder ganze Rechenzentren werden virtualisiert. Cloud-Dienste ermöglichen die Nutzung neuester Technologien und gigantischer Rechenleistungen für jedermann, und IoT-Geräte (Internet of Things) führen zu einer totalen Vernetzung, die Echtzeitinformationen mit Echtzeitaktionen verknüpft und automatisiert.
Technologie: Big Data, künstliche Intelligenz und Robotik bringen neue Anwendungsmöglichkeiten, deren Auswirkungen wir heute noch gar nicht abschätzen können. In traditionellen Großorganisationen dominieren oft noch die Ideen von Webers[3] Bürokratie, Taylors Arbeitsteilung[4] und militärischer Hierarchie. Diese haben durchaus ihre Berechtigung, vor allem wenn es darum geht, viele Menschen mit ähnlichen Aufgaben in einem stabilen Umfeld zu führen und Prozesse effizient zu gestalten. Doch gerade diese traditionellen Hierarchien werden zunehmend in Frage gestellt. Flachere Organisationen und netzwerkartige Strukturen sind das Gebot der Stunde. Neue Arbeitsmethoden und Organisationsmodelle wie Lean, Agile oder Holocracy sind nur einige Beispiele für die Fülle an gefühlten Veränderungen, die auf Führungskräfte und Mitarbeiter zukommen.

Im Spannungsfeld Tanker versus Speedboat, also große Konzerne versus kleine Start-ups, ist es für keine Seite leicht zu manövrieren. Die „Großen" verfügen zwar über die notwendigen Ressourcen, einen hohen Marktanteil und Effizienz, sind aber eher träge, wenn es darum geht, schnell und adäquat auf Veränderungen zu reagieren. Start-ups hingegen haben in der Regel nur wenige Kunden und begrenzte Ressourcen, sind aber aufgrund ihrer Flexibilität erstaunlich effektiv, insbesondere in Nischenbereichen. Moderne Technologieunternehmen (z. B. GAFA[5]) wiederum sind Fluch und Segen zugleich: Einerseits dominieren sie ganze Branchen, andererseits ermöglichen sie es, Dienstleistungen und Geschäftsmodelle von überall auf der Welt mit geringen Eintrittsbarrieren zu betreiben.

Wie erlebst du das persönlich und was bedeutet das für dich in deiner Rolle als Führungskraft?

In diesem dynamischen Umfeld stehen Führungskräfte vor der Herausforderung, eine Balance zwischen stabilen und dynamischen Elementen zu finden. Einerseits muss Stabilität im Alltag gewährleistet sein, um mit den vorhandenen Ressourcen möglichst effizient arbeiten zu können. Auf der anderen Seite muss Dynamik bei auftretenden Problemen und bei der Weiterentwicklung vor allem dezentral ermöglicht werden, um die jeweilige Situation zu verstehen und schnell handeln zu können[6].

3 Max Webers (1864-1920) Bürokratiemodell aus seinem Buch „Wirtschaft und Gesellschaft"
4 Frederick Winslow Taylor (1856-1915): Prozesssteuerung von Arbeitsabläufen bekannt unter dem Begriff des Taylorismus
5 Google, Apple, Facebook (Meta) und Amazon
6 In der Kybernetik (Lehre von komplexen Systemen) gibt es „Ashby's Law", das besagt, dass ein System, um erfolgreich gesteuert zu werden, die gleiche Vielfalt benötigt, wie es sie durch seine Umwelt erfährt.

Wir stehen also vor der Notwendigkeit, in einem unsicheren, komplexen und dynamischen Geschäftsumfeld erfolgreich zu agieren. Damit stehen wir heute vor ähnlichen Herausforderungen wie seinerzeit Helmuth von Moltke. Schauen wir uns an, wie er damit umgegangen ist.

Als Chef des Generalstabs analysierte von Moltke die preußische Armee und stellte zunächst drei Dinge fest:

1. Information: Von Moltke kam zu einem ähnlichen Schluss wie wir in unserem Fallbeispiel: „Kein Plan überlebt den ersten Kundenkontakt", formulierte dies aber in den folgenden Worten: „Kein Plan reicht mit einiger Sicherheit über das erste Zusammentreffen mit der feindlichen Hauptmacht hinaus." Das bedeutet, dass eine Strategie nicht mehr als mathematisch exakt planbar und vorhersehbar angesehen wird, sondern externen und unbekannten Faktoren unterliegt, die nicht alle berücksichtigt werden können.

2. Zielvorstellungen: Die auf höchster Ebene zentral geplante Strategie erreicht nicht alle Führungsebenen, was zu unterschiedlichen Zielvorstellungen und Einschätzungen führt, wie diese zu erreichen sind.

3. Handlungen: Es gibt viele unkoordinierte und eigenständige Handlungen, insbesondere auf den untersten Ebenen. Aufgrund der unterschiedlichen Zielvorstellungen tragen diese, trotz guter Absicht, aber nur begrenzt zum Gesamtziel bei oder konterkarieren dieses sogar.

Trotz dieser eingeschränkten Planbarkeit folgert von Moltke nicht, dass Planen sinnlos sei. Im Gegenteil: Er möchte das gesamte Potenzial seiner Führungskräfte nutzen, deren individuelle Initiative und Kreativität fördern und sie gleichzeitig in eine gemeinsame Richtung lenken. Strategie definiert er als Fortbildung des ursprünglich leitenden Gedankens, entsprechend den sich stets ändernden Verhältnissen, womit er die beiden gegensätzlichen Elemente Stabilität und Dynamik nicht mehr als Gegensätze, sondern als wechselseitige Voraussetzungen begreift. Sein besonderes Augenmerk gilt dem ursprünglichen leitenden Gedanken, also dem Zweck, den es zu verwirklichen gilt, neudeutsch als Purpose bezeichnet.

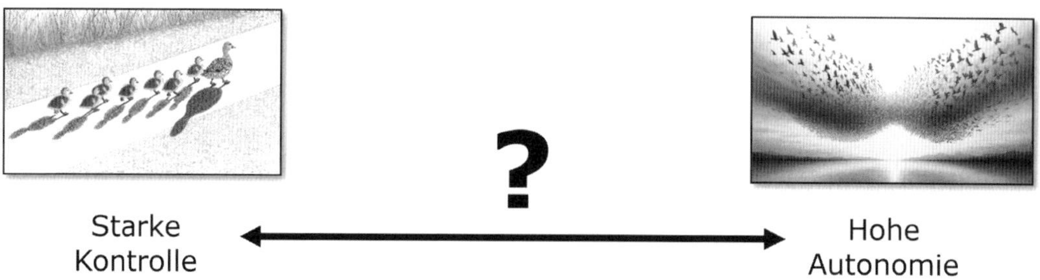

Von Moltkes Ansatz besteht also nicht in der Entscheidung zwischen Kontrolle und Autonomie, sondern in der Verbindung beider Elemente durch eben diesen gemeinsamen Zweck.

Starke Kontrolle

&

Hohe Autonomie

Durch die Vorgabe eines zentralen Ziels und dessen eigentlichen Zweck aus Sicht der Organisation (leitender Gedanke/Purpose) schuf er also eine Art informelle Kontrollmöglichkeit, die eine starke Dezentralisierung in der Umsetzung ermöglichte. Mit diesem neuartigen Führungsansatz, unter dem Begriff „Auftragstaktik" bekannt, legte er den Grundstein für die Dominanz der preußischen und in weiterer Folge der westlichen Armeen für Generationen. Wie dieser Führungsansatz funktioniert, betrachten wir im nächsten Kapitel.

3 WAS KÖNNEN WIR VON FÜHRUNG IM MILITÄR LERNEN?

Das österreichische Bundesheer definiert Führung als ein „allgemeines, richtungweisendes, steuerndes und motivierendes Einwirken auf Personen oder Organisationselemente, um eine Zielvorstellung zu verwirklichen und die Organisation zu optimieren". Führung ist gerade dann wichtig, wenn nicht alles nach Plan verläuft, wenn das Risiko groß ist und wenn es kritische Entscheidungen zu treffen gilt. Führen bedeutet also Entscheidungen zu treffen und dafür die Verantwortung zu übernehmen. Versuchen wir in diesem Kapitel zu verstehen, wie die Auftragstaktik, als ausgewählter militärischer Führungsansatz, funktioniert.

3.1 Vom Befehl zum Auftrag

Betrachten wir zunächst den für die damalige Zeit visionären Führungsansatz von Moltkes, um in den folgenden Kapiteln Ableitungen für uns als Führungskraft treffen zu können. Der Begriff „Auftragstaktik" beruht auf dem Unterschied zwischen einem Befehl[7] und einem Auftrag[8]. Während ein Befehl der militärische Oberbegriff für eine Anordnung ist, ist ein Auftrag ein Befehl mit zusätzlichem Handlungsspielraum in der Umsetzung. [9] Den Wechsel zum vorwiegenden Führen mittels Auftrag und damit der Gewährung von Handlungsspielraum wurde im Militär als Wechsel von der „Befehlstaktik" zur „Auftragstaktik" bezeichnet.

7 Befehl ist jede von militärischen Vorgesetzten gegenüber militärischen Untergebenen getroffene Anordnung zu einem bestimmten Verhalten.

8 Auftrag ist eine im Einzelfall vom Vorgesetzten an Untergebene gerichtete Anordnung zur Erreichung eines Zieles. Im Rahmen der militärischen Führung ist der Auftrag als Teil des Befehls eine Anordnung mit grundsätzlicher Freiheit in der Durchführung.

9 Dass die beiden Begriffe umgangssprachlich oftmals synonym verwendet werden, leider auch innerhalb der Streitkräfte, führt immer wieder zu Missverständnissen. Insbesondere, da eine schriftliche Ausformulierung eines Auftrags auch als Befehl bezeichnet wird.

Ein Auftrag gibt vor, WAS getan werden muss, lässt beim WIE aber grundsätzlich Handlungsspielraum.

Auftrag = Aufgabe + Purpose

Um diesen Handlungsspielraum im Sinne des Auftraggebers zu ermöglichen, besteht der Auftrag selbst aus zwei Elementen – aus der eigentlichen Aufgabe (WAS?) und dem Purpose/Zweck (WARUM?). Die Aufgabe gibt ein klares und konkretes Ziel vor, während der Purpose die wesentliche Leistung, d. h. die Absicht der direkten Führungskraft ausdrückt. Schauen wir uns anhand eines klassischen militärischen Beispiels an, was das Formulieren des Purpose für einen Vorteil hat.

Auftrag: „Die zweite Gruppe nimmt den Hügel XY und überwacht das Tal Z."

Die Aufgabe der zweiten Gruppe ist es, den Hügel XY einzunehmen, um das Tal Z zu beobachten und somit überwachen zu können. Wie sie das macht - den konkreten Weg, das benutzte Transportmittel, den genauen Ort, welche Personen, die Beobachtungsmittel... - kann die Gruppe selbst entscheiden. Gelingt es ihr, den Hügel XY zu erklimmen, ohne jedoch das Tal überwachen zu können, so hat sie zwar grundsätzlich ihre Aufgabe erfüllt, aber die wesentliche Leistung nicht erbracht. Das mag in unserem Beispiel trivial klingen: Die Personen der Gruppe könnten ja erfragen, ob sie sich anders positionieren oder für bestimmte Sichtfelder Drohnen zur Überwachung einsetzen sollen. Wenn dies aber unter dynamischen Bedingungen geschieht (z. B. im Gefecht, nachts, bei schlechtem Wetter, ...) und keine Möglichkeit zur Rücksprache mit der Führungskraft besteht, muss die Gruppe in der Lage sein, eigenständig zu handeln. Da die eigentliche Absicht des Kommandanten bekannt ist, nämlich die Überwachung des Tals Z, kann die Gruppe die richtigen Maßnahmen im Sinne der Organisation ergreifen.
Die Formulierung dieser Kernleistung, des Purpose, ermöglicht somit ein autonomes Handeln im Sinne der Führung und schafft damit eine gewisse Stabilität. In militärischen Einsätzen ist die Kernleistung oft Kraft, Raum, Zeit oder Information. Das heißt, es geht meist um gegnerische Kräfte, um bestimmte Räume (wie in unserem Beispiel das Überwachen eines Gebietes), um das Wirksamwerden zu einem bestimmten Zeitpunkt oder für eine bestimmte Dauer oder um das Beschaffen einer bestimmten Information.
Wichtig ist hier das Highlander-Prinzip - es kann nur eine wesentliche Leistung (Purpose) geben und diese muss klar definiert und gut durchdacht sein! Eine ähnliche Situation finden wir z. B. im Projektmanagement. Hier spricht man vom „magischen Dreieck" der drei sich gegenseitig beeinflussenden Parameter Zeit, Aufwand und Qualität, die gleichermaßen berücksichtigt werden müssen. Ein Projekt ist nur dann erfolgreich, wenn alle drei Parameter erfüllt sind. Sobald man einen der Parameter priorisiert, muss man bei den anderen Abstriche machen.

3.2 Vom Auftrag zur Auftragstaktik

Um im Rahmen der Auftragstaktik das eigene Handeln im Sinne der Gesamtorganisation zu ermöglichen, wird der eigene Auftrag immer in Bezug zum Auftrag der nächsthöheren Führungsebene gesetzt, also der Purpose zweier Führungsebenen dargestellt. Aufträge im militärischen Bereich weisen daher immer eine bestimmte Struktur auf, die Lage, Auftrag und Ausführung umfasst. Dies hilft einerseits den Führungskräften, Ziele und eigene Absichten zu formulieren und zu strukturieren. Andererseits erleichtert es dem Team, die Gesamtaufgabe und die Rahmenbedingungen zu erfassen.

Auftragstaktik = (Lage + Auftrag) x Durchführung

Will man es auf eine Formel bringen, so ist die Summe aus Lage und Auftrag relativ starr und bildet den Ist-Zustand und das Ziel ab. Der Handlungsspielraum in der Umsetzung hat als Multiplikator den größten Hebel, je nachdem, ob man viel Kreativität in der Umsetzung zulässt oder diese durch notwendige Vorgaben stark einschränkt.

1. Punkt: Lage = WARUM machen wir das?

Im ersten Punkt werden die aktuelle Situation und die Absichten der übergeordneten Ebene (ihr Auftrag und wie sie ihn umsetzen will) dargestellt. Die visuelle Darstellung zeigt, dass hier der größte Handlungsspielraum und der längste Zeithorizont besteht. Die Kenntnis und Berücksichtigung des WARUM sorgt für Stabilität im Sinne der Organisation und stellt den Purpose der übergeordneten Führungsebene dar.

1. Lage	***WARUM*** *machen wir das?*
Schafft Stabilität	Darstellen der Ausgangssituation
	Absicht der übergeordneten Ebene

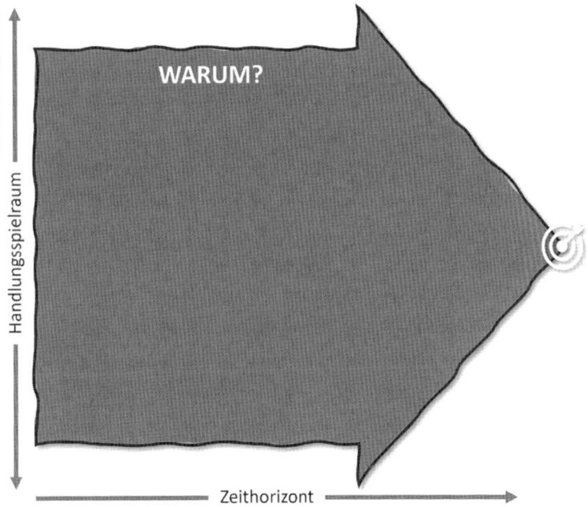

Wie das in der Praxis funktioniert, lässt sich am besten an einem Beispiel verdeutlichen. Nachfolgend ein nach militärischem Schema aufgebauter Auftrag, wie ihn eine

Führungskraft einer Transportkompanie[10] im Rahmen eines Assistenzeinsatzes erteilen könnte (in sinngemäß gekürzter Form).

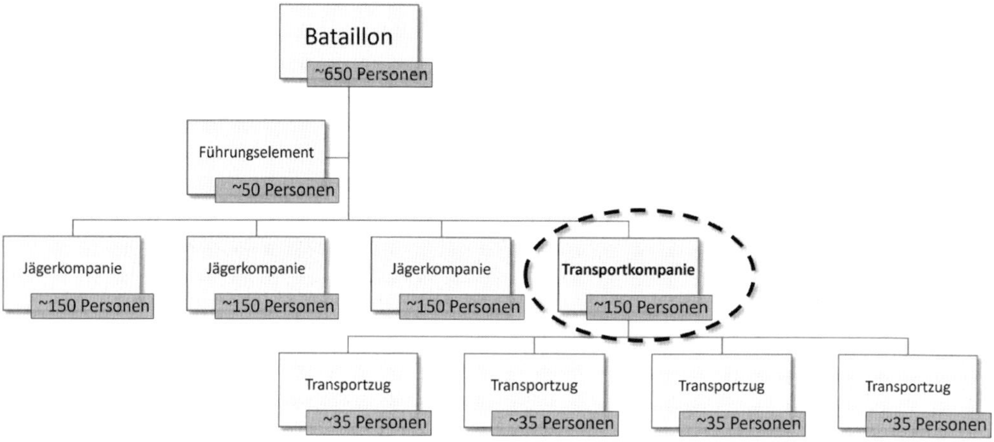

Struktur des Bataillons, in das die Transportkompanie integriert ist

Beispiel

1. Lage = WARUM machen wir das?

Ausgangssituation

Aufgrund eines anhaltenden regionalen Stromausfalls ist die lokale Lebensmittelversorgung im Bundesland XY unterbrochen. Die lokalen Behörden sind überlastet und erste Plünderungen von Lebensmittelgeschäften sind bereits im Gange.

Absicht der übergeordneten Führungsebene

Das Bundesheer wurde zur Assistenzleistung angefordert und unterstützt mit zwei Bataillonen die Einsatzkräfte vor Ort.

Das 2. Bataillon unterstützt die lokalen Sicherheitskräfte und Hilfsorganisationen in den Bezirken Ost und Süd durch den Einsatz von

- der 1. Kompanie zum Schutz von Verteilzentren
- der 2. Kompanie zum Schutz von Transporten der Hilfsorganisationen
- der 3. Kompanie mit mobilen Streifen und der
- Transportkompanie zur Erhöhung der Transportkapazität, um die Lebensmittelversorgung sicherzustellen..

Erläuterung

Punkt 1a: Beschreibt die Ausgangssituation und schafft damit den Zusammenhang mit der externen Umwelt.
Punkt 1b: Beschreibt die Absicht der übergeordneten Ebene, nämlich wie sie mit den zur Verfügung stehenden Ressourcen (in unserem Fall 3 Kompanien und 1 Transportkompanie) ihren Purpose erreichen will, nämlich die „Versorgung mit Lebensmitteln sicherzustellen". Wir erkennen gleich, was die Aufgabe der Transportkompanie im Rahmen des Bataillons ist.

10 Ein Bataillon (insgesamt ca. 650 Personen) besteht dabei aus drei Infanteriekompanien (je ca. 150 Personen), einer Transportkompanie (ca. 150 Personen) und einem Führungselement. Die Kompanien wiederum bestehen aus vier Zügen (je ca. 35 Personen) und einem Führungselement.

2. Punkt: Auftrag* = *WAS müssen wir ***WOZU*** erreichen?
Im zweiten Punkt wird der aus der Absicht der übergeordneten Ebene abgeleitete eigene Auftrag dargestellt, der ja ein Teil der langfristigen Zielerreichung sein soll. Dieser wird beim Militär durch die übergeordnete Führungsebene definiert. Es wird eine konkrete Aufgabe in Verbindung mit der wesentlichen Leistung (Purpose) dargestellt. Der Auftrag ist zeitlich unmittelbarer als Punkt 1 (Lage), und auch der Handlungsspielraum ist bereits enger als in der darüber liegenden Ebene, wie die Pfeile in der Darstellung zeigen.

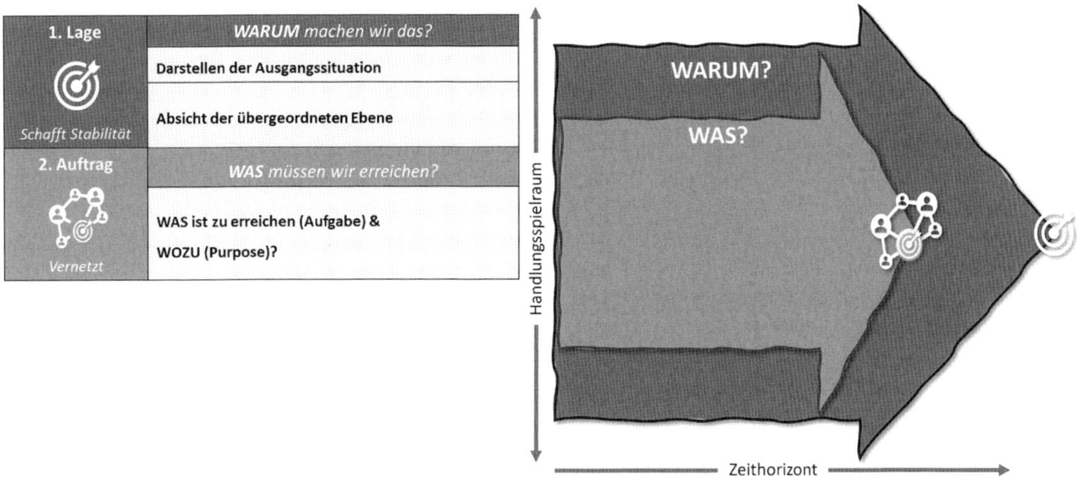

Beispiel

2. Auftrag = WAS müssen wir WOZU erreichen?
Die Transportkompanie führt Lebensmitteltransporte im Auftrag des Roten Kreuzes durch (Aufgabe) und erhöht damit die Transportkapazität für Hilfsleistungen in den Bezirken Ost und Süd (Purpose).

Erläuterung
Punkt 2: Beschreibt den von der übergeordneten Führungsebene erhaltenen oder abgeleiteten Auftrag. Er beschreibt, was die Transportkompanie tun soll (Ziel = Lebensmitteltransporte) und die wesentliche Leistung/Purpose (Erhöhung der Hilfskapazität). Hier wird bereits die erste Vorgabe sichtbar, nämlich dass es sich nicht um eigenständige Lebensmitteltransporte handelt, sondern um Transporte im Auftrag und unter Verantwortung des Roten Kreuzes.

3. Punkt: Durchführung* = *WIE wollen wir das erreichen?
Im dritten Punkt wird die eigene Absicht der Führungskraft dargestellt. Hier geht es also darum, wie die Führungskraft ihre Ressourcen einsetzen will, um den Auftrag zu erfüllen. Während der Auftrag in Punkt 2 direkt vorgegeben wird, ist die eigene Absicht Ausdruck der Entscheidung der Führungskraft, wie sie ihren Auftrag mit den ihr zur Verfügung stehenden Ressourcen und innerhalb ihres Handlungsspielraums umsetzen will. Die eigene Absicht ist somit der kreative Teil der Auftragstaktik und dient als Leitlinie für die an der Umsetzung beteiligten Teams. Sie hilft bei der Nutzung des gewährten Handlungsspielraums während der Planung und Umsetzung.
Grundsätzlich sollte der Handlungsspielraum so groß wie möglich sein. Je nach Situation kann oder muss er mehr oder weniger eingeschränkt werden. Details in der Umsetzung werden nur dann vorgegeben, wenn bestimmte Maßnahmen koordiniert werden müssen (z. B. zeitliche Abhängigkeiten, Prioritäten, ...) oder bestimmte Auflagen (z. B. rechtliche Einschränkungen, Sicherheitsvorgaben, ...) dies erfordern. Auch die Situation der Führungskraft oder des Teams, wie z. B. Persönlichkeit oder mangelnde Erfahrung, kann weitere Vorgaben erforderlich machen. Die Darstellung zeigt, dass der Handlungsspielraum z. B. durch zeitliche, koordinative, rechtliche oder sicherheitstechnische Vorgaben eingeschränkt ist. Innerhalb dieses Spielraumes kann man sich jedoch frei bewegen und die volle Kreativität bei der Planung und Umsetzung nutzen.

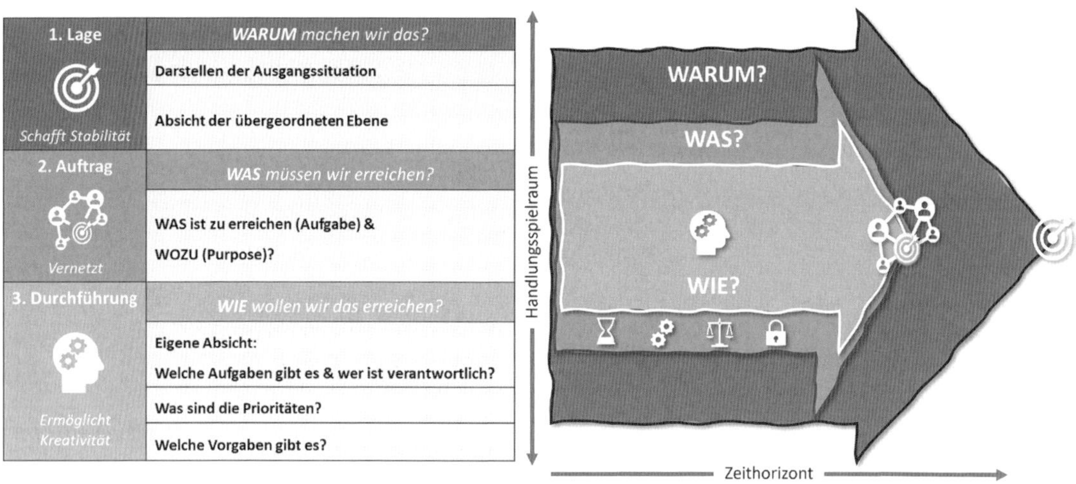

Beispiel

3. Durchführung = WIE wollen wir das erreichen?

Punkt 3a: Eigene Absicht der Transportkompanie (Welche Aufgaben gibt es?)

Die Transportkompanie führt gemeinsame Lebensmitteltransporte

- mit 3 Transportzügen mit dem Roten Kreuz durch und
- hält einen Transportzug als zentrale Reserve zurück, um die Transportkapazität der Hilfsorganisation zu erhöhen.

Punkt 3b: Aufträge an die Züge (Wer ist wofür verantwortlich?)

- Erster Transportzug führt Lebensmitteltransporte zusammen mit dem Roten Kreuz im Bezirk Ost durch und erhöht damit die Transportkapazität.
- Zweiter Transportzug führt Lebensmitteltransporte zusammen mit dem Roten Kreuz im Bezirk Süd durch und erhöht damit die Transportkapazität.
- Dritter Transportzug hält Reservekapazitäten vor und ermöglicht eine nachhaltige Aufrechterhaltung der Unterstützungsleistung bei Nacht.

Punkt 3c: Koordinierende Maßnahmen (Welche Vorgaben, Prioritäten und Einschränkungen gibt es?)

Z. B.:

- Vierter Transportzug teilt sich auf ersten und zweiten Transportzug auf.
- Durchführen von gemeinsamen Transporten mit dem Roten Kreuz zur Erhöhung der Schutzwirkung.
- Die Transportzüge sind während der Durchführung der Transporte dem Roten Kreuz unterstellt.
- Lenken von militärischen Lastkraftwagen durch ziviles Personal ist nicht erlaubt.
- Lenken von zivilen Lastkraftwagen durch Soldaten ist bis auf Widerruf nicht erlaubt.

Erläuterung

Punkt 3a: Beschreibt die eigene Absicht des Kommandanten der Transportkompanie, d. h. wie er den Auftrag mit den ihm zur Verfügung stehenden Mitteln erfüllen will. Er setzt drei seiner Transportzüge direkt ein und hält einen in Reserve.

Punkt 3b: Beschreibt die einzelnen Aufträge einschließlich des Purpose an die Transportzüge, teilt die Züge in Bezirke ein und stellt die Bereitschaft für die Nacht sicher.

Punkt 3c: Beschreibt die Maßnahmen, die für die Koordination notwendig sind und den Handlungsspielraum der Züge bei der Durchführung einschränken. In unserem Beispiel wird ein Zug aufgeteilt, die Transporte werden gemeinsam mit der Hilfsorganisation unter deren Leitung durchgeführt und die Lastkraftwagen dürfen nur von jeweils zugelassenem Personal gefahren werden.

Ergebnis dieser Art von Struktur ist, dass den Transportzügen klar ist,

- WARUM sie WAS tun müssen,
- WAS die anderen machen,
- WAS sie bei der Umsetzung beachten müssen.

WIE sie das Ziel erreichen, liegt innerhalb des gesetzten Handlungsspielraums ganz bei ihnen. Sie wissen, mit wem sie sich abstimmen müssen und können bei Veränderungen eigenständig und schnell reagieren und sich gegenseitig unterstützen.

Führen durch Auftrag ermöglicht somit ein an die Situation vor Ort angepasstes Zusammenwirken dezentraler und autonomer Elemente im Sinne der Organisation. Diese Kreativität und Flexibilität bei der Auftragserfüllung ist insbesondere dann erforderlich, wenn sich die Voraussetzungen oder Umstände rasch ändern. Die folgende Abbildung verdeutlicht diesen Vorteil. Im linken Bild ist der vom Team geplante Weg symbolisch für die Umsetzung einer konkreten Aufgabe dargestellt. Das rechte Bild zeigt, wie auf plötzlich auftretende Hindernisse reagiert werden kann, um das Ziel doch noch zu erreichen. Solange der Handlungsspielraum nicht verlassen wird, kann dies alles selbständig geschehen. Muss der Handlungsspielraum verlassen werden, weiß das Team, mit wem es sich abstimmen muss bzw. von wem es eine Freigabe benötigt und kann, wenn notwendig, selbstständig im Sinne der Organisation handeln.

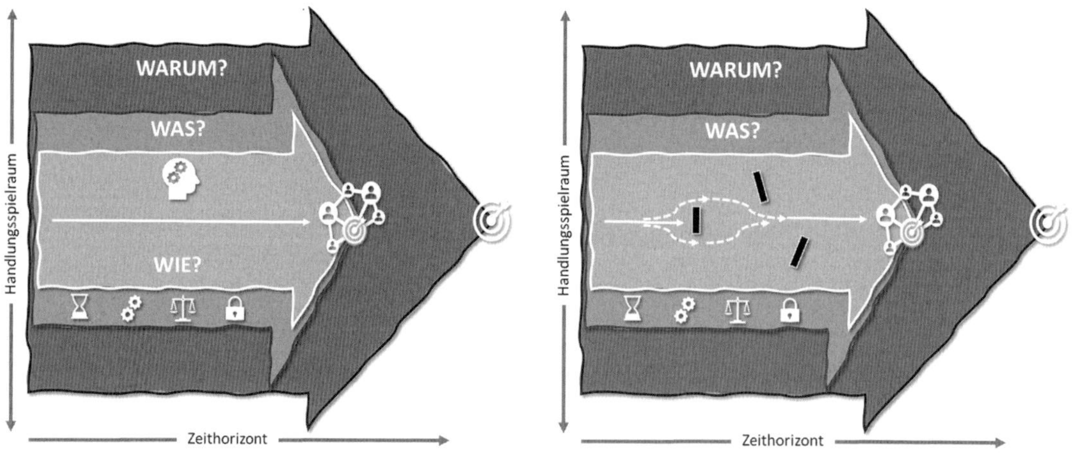

Linke Abbildung: Vom Team geplanter Weg zur Zielerreichung. Rechte Abbildung: Eigenständige Anpassung innerhalb des Handlungsspielraums, wenn Hindernisse (schwarz) oder Änderungen auftreten.

Das Prinzip funktioniert genauso, wenn mehrere Teams gemeinsam an einer Lösung arbeiten müssen, wie in der folgenden Abbildung dargestellt. Der Vorteil liegt hier vor allem darin, dass jedes Team die Aufgabe des anderen kennt und sich so alle Beteiligten sowohl in der Planung als auch in der Umsetzung, wenn sich die Situation ändert, abstimmen und unterstützen können.

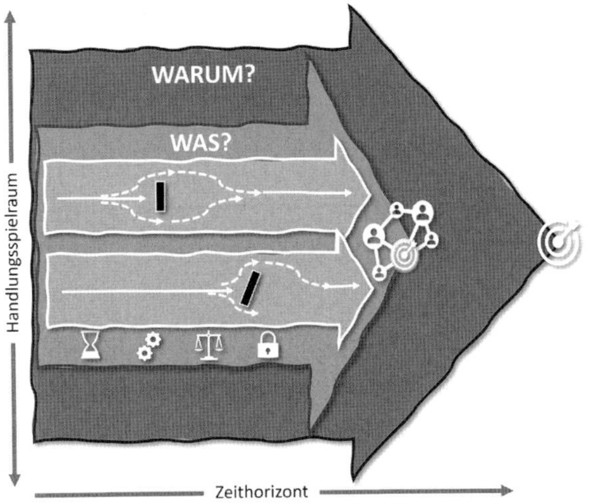

Dezentrale Umsetzung eines zentralen Ziels durch zwei Teams, angepasst an die sich ändernde Situation.

Gäbe es keinen Handlungsspielraum oder wäre dieser dauerhaft zu gering, müsste bei jedem Hindernis oder jeder Veränderung der Vorgesetzte kontaktiert werden, was die Effektivität und Effizienz stark einschränken würde.

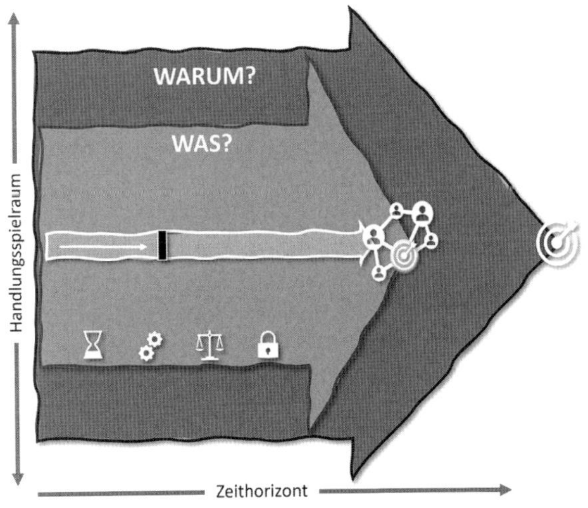

Stocken der Umsetzung bei keinem bzw. zu geringem Handlungsspielraum.

Wir sehen also, dass der Purpose eine recht dominante Rolle einnimmt, denn er taucht sowohl auf der Lageebene als Purpose der übergeordneten Führungsebene auf, als auch im Auftrag als eigener Purpose und in der Umsetzung als Purpose für die Teams. Der Purpose ist sozusagen dreifach das verbindende Element der Auftragstaktik. Lage und Auf-

trag sind der strategische Kontext (stabil) und die eigene Absicht ist der Plan zur Umsetzung der Strategie (dynamisch). Damit werden Strategie und Umsetzung zueinander in Abhängigkeit gebracht.
Die Auftragstaktik, wie oben bereits erwähnt auch als *Führen durch Auftrag* bezeichnet, nutzt somit einerseits das gesamte vorhandene kreative Potenzial eines Teams und motiviert gleichzeitig die Mitarbeiter durch einen adäquaten Gestaltungsspielraum. Eine konsequente Anwendung in der Organisation ermöglicht somit die erwähnte dezentrale Umsetzung einer zentralen Idee, indem sie stabile mit dynamischen Elementen verbindet und damit eine Vernetzung von Strategie und Umsetzung ermöglicht.

Führen durch Auftrag befähigt also
- die Person (oder auch das Team) nahe am Kunden bzw. am Problem,
- entsprechend der Situation vor Ort,
- im Rahmen ihres Handlungsspielraums, aber
- im Sinne der Organisation zu handeln.

Heute würde man sagen, dass die Führungsphilosophie von Moltkes auf Purpose und Empowerment basiert. Dies bedingt aber auch, dass alle drei Elemente – WARUM, WAS und WIE – klar und durchdacht formuliert werden müssen. Grundsätzlich ist *Führen durch Auftrag* immer möglich, aber je tiefer die Führungsebene, desto geringer wird der Handlungsspielraum. Ein Soldat, der die Kaserne bewacht, hat naturgemäß einen geringeren Handlungsspielraum als ein Bataillonskommandeur. Ebenso hat ein Mitarbeiter an der Kasse vielleicht nur drei Varianten, aus denen er bei einer Kundenreklamation frei wählen kann, während der Geschäftsführer einer Organisation einen relativ großen Handlungsspielraum bei der Verwendung des Budgets und der Ressourcen hat.

Leitfragen zur Reflexion

- Was bedeutet Purpose für dich?
- Welche Rolle spielt das Kennen des Purpose für deine Mitarbeiter?
- Was sind die Vorteile bzw. Nachteile von dieser Führungsphilosophie?
- Wann ist diese Art der Führung sinnvoll bzw. nicht sinnvoll?
- Was braucht es für Voraussetzungen, um auf diese Art und Weise zu führen?

Notizen

Teil 2: WAS du von *Führen durch Auftrag* für dich nutzen kannst

„Führen bedeutet, das gesamte Potenzial deines Teams in eine gemeinsame Richtung zu lenken."

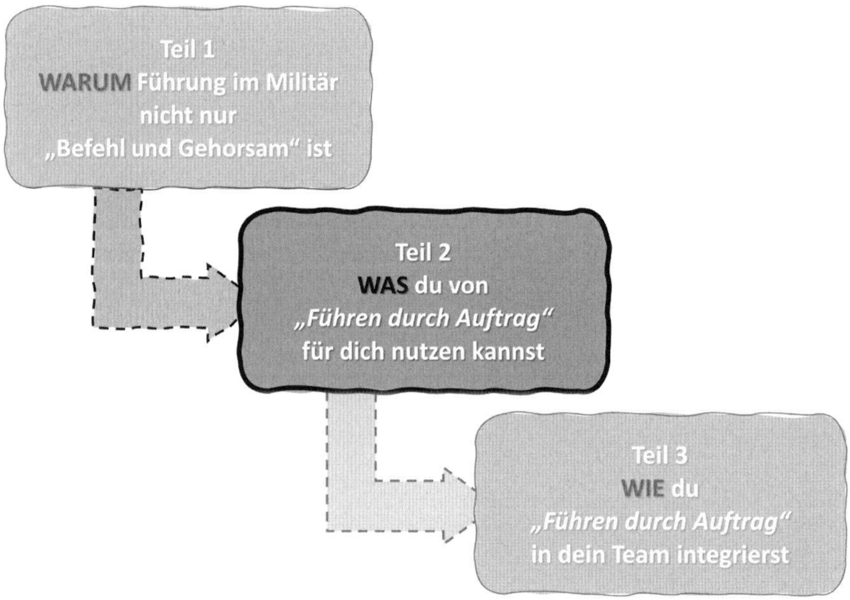

4 FÜHREN DURCH AUFTRAG

Obwohl der Begriff Auftragstaktik in militärischen Kreisen sehr positiv besetzt ist, kommt es vor, dass die Begriffe „Auftrag" und „Taktik" in privatwirtschaftlichen und staatlichen Organisationen unterschiedlich verstanden und dann teilweise negativ und bzw oder fälschlicherweise mit einem Befehl ohne Handlungsspielraum gleichgesetzt werden. Auch sind einige Elemente natürlich auf die Besonderheiten von Streitkräften zugeschnitten und müssen für andere Organisationen leicht angepasst bzw. verallgemeinert werden. Um außerhalb des Militärs anschlussfähig zu sein, möchte ich daher im Folgenden den ebenfalls gebräuchlichen Begriff *Führen durch Auftrag* verwenden, um mich bewusst von dieser Spezialisierung zu lösen und auf die Bedürfnisse von nicht-militärischen Teams und Organisationen einzugehen. Zur Veranschaulichung dient die Formel:

Führen durch Auftrag = (WARUM + WAS) x WIE

Es wird deutlich, dass die Summe aus WARUM und WAS den Ist-Zustand und das Ziel abbildet, relativ starr ist und damit Stabilität für die Organisation gewährleistet. Der Handlungsspielraum im WIE hat als Multiplikator den größten Hebel, je nachdem, ob man viel Kreativität bei der Umsetzung zulässt oder ob der Handlungsspielraum durch notwendige Vorgaben sehr eingeschränkt ist und damit die Dynamik gestaltet.

4.1 (WARUM + WAS) x WIE

Wie kannst du nun *Führen mit Auftrag* konkret im Alltag in deinem Einflussbereich anwenden? Am einfachsten ist es, wenn du deine „Aufträge" bzw. Aufgaben nach dem unten abgebildeten Schema strukturierst und an deine Mitarbeiter verteilst, denn diese Struktur hilft dir bei der Erarbeitung und deinen Mitarbeitern beim Erfassen.

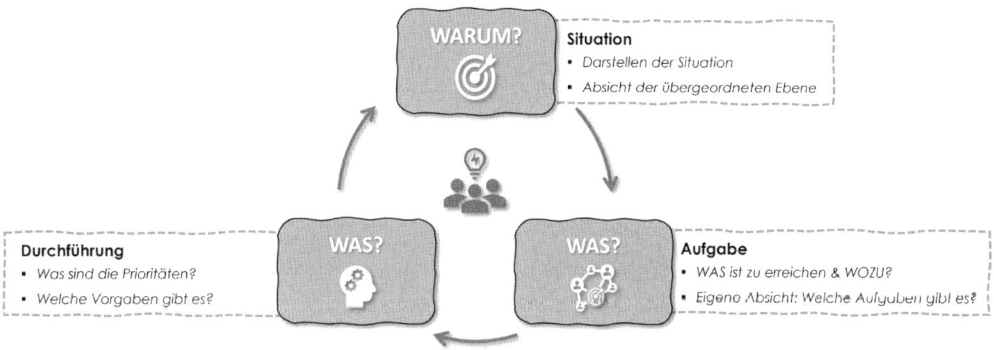

1. Situation: WARUM machen wir das?
Im Rahmen des WARUM stellst du kurz die relevante Situation und die Absicht deines Chefs dar. Du gibst deinem Team den „Kontext" zum Big Picture – inklusive dem Purpose der übergeordneten Ebene.

2. Aufgabe: WAS wollen wir ***WOZU*** erreichen?
Während es im Militär immer einen konkreten Auftrag mit Purpose gibt, ist dies in der Privatwirtschaft meist nicht der Fall. Im Gegensatz zur militärischen Gliederung macht es Sinn, den Auftrag und die eigene Absicht unter Punkt 2 zusammen zu betrachten und nicht so scharf zu trennen, wie es beim Militär der Fall ist.
Deshalb formulierst du am besten aus dem WARUM einen konkreten Auftrag für dich. Danach beschreibst du, wie du deine Ressourcen einsetzen willst, um dein Ziel, also deine eigene Absicht, zu erreichen. Dabei sagst du genau, wer welche Aufgabe (WAS) zu welchem Zweck/Purpose (WOZU) bekommt. Da nun jeder seine eigene Aufgabe und die

der anderen Personen/Teams kennt, können sich alle untereinander und selbstständig abstimmen.

3. Durchführung: WIE wollen wir unser Ziel erreichen?

Du lässt bei der Umsetzung so viel Spielraum wie möglich. Du schränkst ihn nur ein, wenn es notwendig ist. Das ist meistens dann der Fall, wenn die Führungskraft oder deine Mitarbeiter noch nicht so erfahren sind, wenn Koordinierungsmaßnahmen erforderlich sind oder wenn es rechtliche oder sicherheitstechnische Vorgaben gibt.

4.2 Beispiele für die Struktur von Führen durch Auftrag

Die Struktur von WARUM, WAS und WIE bleibt grundsätzlich immer gleich, die inhaltliche Ausgestaltung variiert. Wenn du bereits einen konkreten Plan hast, wie du das Ziel erreichen willst, oder wenn du die Entscheidungen bereits getroffen hast, arbeitest du mit dem Auftragsschema: Situation, Aufgabe, Durchführung. Wenn du zunächst eine Situation darstellen möchtest, um gemeinsam einen Plan zu entwickeln, oder wenn du gemeinsam eine Entscheidung treffen möchtest, passt du die Inhalte einfach an, wie in der Tabelle dargestellt. Im Folgenden schauen wir uns dazu ein paar konkrete Beispiel an:

	Auftragsschema	**Situationsdarstellung**	**Entscheidungsfindung**
WARUM?	Situation	Situation	Situation
WAS?	Aufgabe	Problem/Chance	Problem/Chance
WIE?	Durchführung	Zielsetzung	Lösungsansatz und Empfehlung

Möglichkeiten je nach Zielsetzung

Warum? *„Gib Kontext“*	**Situation**	▪ Darstellen der **Ausgangssituation** zB.: ▪ Was macht der Markt/Mitbewerber/Kunde/Business Bereich,... ▪ Was ist die Problemstellung? ▪ **Absicht & Purpose** der **übergeordneten Ebene** (Was & Warum) ▪ Was will die nächsthöhere Führungsebene in diesem Zusammenhang erreichen? ▪ Was ist deren kurz- und langfristiges Ziel, das wir unterstützen müssen?
Was? *„Vernetze dein Team“*	**Aufgabe**	▪ **Was** ist zu erreichen und **Warum**? (Eigene Absicht und Purpose) ▪ Was ist daher das kurzfristige und langfristige Ziel in deinem Verantwortungsbereich? ▪ Welche **Aufgaben** gibt es und wer ist **verantwortlich**? (Abstimmung) ▪ Wer ist an dieser Zielerreichung womit beteiligt? ▪ Wer muss sich daher mit wem abstimmen oder zusammenarbeiten?
Wie? *„Ermögliche Kreativität“*	**Durchführung**	▪ Was sind die **Prioritäten**? ▪ Welche Ziele/Teams haben Priorität hinsichtlich Budget/Ressourcen oder Zeit? ▪ Welche **Vorgaben** gibt es? zB.: ▪ Zeitliche, rechtliche und sicherheitsmäßige Vorgaben ▪ Koordination mit bestimmten Teams/Personen ▪ **Backbrief** ▪ Nächste Abstimmung

Cheat-Sheet-Auftragsschema

4.2.1 Auftragsschema

Am besten lässt sich die Struktur anhand eines fiktiven Beispiels veranschaulichen. Du bist Teamleiter (Team A) in der Entwicklungsabteilung einer Bank und bekommst von deinem Chef eine Aufgabe in der Struktur der vernetzten Führung:

1. Situation: Start-ups und Mitbewerber drängen mit günstigen Standardprodukten in unseren Markt und unser Marktanteil im Privatkundengeschäft ist seit zwei Jahren mit 3 % jährlich rückläufig. Durch wettbewerbsfähige Standardprodukte im Privatkundenbereich und gezieltes Social Media Marketing stoppen wir den Rückgang des Marktanteils, um mittelfristig genügend Kunden für ein Wachstum durch Cross-Selling der Premiumprodukte zu haben.

2. Aufgabe: Wir als Entwicklungsabteilung entwickeln die wettbewerbsfähigen Standardprodukte für den Privatkundenbereich, um den Rückgang des Marktanteils zu stoppen.

- Team A entwickelt ein kostenloses Onlinebanking – Modell, welches als Basis für kostenpflichtige Zusatzmodule dient.
- Team B entwickelt einen automatisierten Verbraucherkredit bis 5.000 € für externe Verbraucherplattformen, um im niedrigen Risikobereich wettbewerbsfähig zu sein.

3. Durchführung: Aufgrund der stärkeren Kundenbindung des Onlinebankings hat Team A Priorität. Das Onlinebanking-Modell muss sich mit der Privatkundenabteilung abstimmen, um eine Integration mit den zukünftigen Premiumprodukten zu gewährleisten. Um Erfahrung im Bereich künstlicher Intelligenz im Risikomanagement aufzubauen, ist eine Kooperation mit der Firma C und Firma D hinsichtlich eines nutzbaren Risikomodells zu prüfen.

- Team A präsentiert das Grobkonzept bis XX.YY.
- Team B entscheidet über den Kooperationspartner bis XX.YY.

Was meinst du? Ist dein Auftrag verständlich?

- Ist dir klar, was von dir erwartet wird und warum?
- Weißt du, mit wem du zusammenarbeiten musst und was die anderen Teams in deiner Abteilung machen?
- Weißt du, wo die Prioritäten sind und welche zeitlichen Vorgaben es gibt?

Teilen wir das Beispiel in die Struktur von *Führen durch Auftrag* auf und bewerten diese.

1. Situation: WARUM machen wir das?

a. Darstellen der Situation

- Start-ups und Mitbewerber drängen mit günstigen Standardprodukten in unseren Markt, und unser Marktanteil im Privatkundengeschäft ist seit 2 Jahren mit 3 % jährlich rückläufig.

b. Absicht der übergeordneten Ebene (WAS und WARUM)

- Durch wettbewerbsfähige Standardprodukte im Privatkundenbereich und gezieltes Social-Media-Marketing stoppen wir den Rückgang des Marktanteils, um mittelfristig genügend Kunden für ein Wachstum durch Cross-Selling der Premiumprodukte zu haben.

Bewertung: Deine Bank hat also ein Problem beim Marktanteil im Privatkundengeschäft und möchte mit günstigen Standardprodukten im Onlinebereich den Kundenstock vergrößern, um die Premiumprodukte bei mehr Kunden anbieten zu können. Du kennst also das große Ganze und weißt, was der Vorstand erreichen möchte.

2. Aufgabe: WAS wollen wir WOZU erreichen?

a. WAS ist zu erreichen und WOZU?

- Wir als Entwicklungsabteilung entwickeln ein Onlinebanking und einen Verbraucherkredit, um wettbewerbsfähige Standardprodukte für den Privatkundenbereich zu schaffen.

b. Eigene Absicht: Welche Aufgaben gibt es und wer ist verantwortlich?

- Team A entwickelt ein kostenloses Onlinebanking-Modell, welches als Basis für kostenpflichtige Zusatzmodule dient.
- Team B entwickelt einen automatisierten Verbraucherkredit bis 5.000 € für externe Verbraucherplattformen, um im niedrigen Risikobereich wettbewerbsfähig zu sein.

Bewertung: Ihr als Entwicklungsabteilung habt euch nach Abstimmung mit der Marketingabteilung entschieden, durch ein kostenloses Onlinebanking und einen Verbraucherkredit den Rückgang des Marktanteils zu stoppen und damit die Absicht des Vorstands umzusetzen. Du weißt, welche Rolle deine Abteilung in der Zielerreichung hat, und kennst die Aufgabe deines Teams (Onlinebanking) sowie die des anderen Teams. Damit könnt ihr euch gegenseitig abstimmen und bei Bedarf unterstützen.

Durchführung: WIE wollen wir unser Ziel erreichen?

a. Was sind die Prioritäten?

- Aufgrund der stärkeren Kundenbindung des Onlinebankings hat Team A Priorität.

b. Welche Vorgaben gibt es?

- Das Onlinebanking-Modell muss sich mit der Privatkundenabteilung abstimmen, um eine Integration mit den zukünftigen Premiumprodukten zu gewährleisten.
- Um Erfahrung im Bereich künstlicher Intelligenz im Risikomanagement aufzubauen, ist eine Kooperation mit der Firma C und Firma D hinsichtlich eines nutzbaren Risikomodells zu prüfen.

c. Abstimmung

- Team A präsentiert das Grobkonzept bis XX.YY.
- Team B entscheidet über Kooperationspartner bis XX.YY.

Bewertung: Du weißt nun, dass dein Team (Team A) Priorität bei den Ressourcen hat, dass du dich mit der Privatkundenabteilung bezüglich der Produktintegration abstimmen musst und bis wann das Grobkonzept vorgelegt werden muss. Du bist bereit, mit deinem Team loszulegen und deinen Handlungsspielraum im Sinne der Organisation kreativ zu nutzen.

Du siehst also, dass die Struktur dir hilft, deine Aufgabe in den Kontext der übergeordneten Managementebene oder eines langfristigen Ziels und der anderen Teams zu stellen. In unserem Beispiel haben wir jetzt eine detaillierte Variante für eine größere Aufgabe dargestellt. Du kannst die Struktur aber immer anwenden, auch bei kleineren Themen.

Beispielhafter Auftrag zum Erstellen eines Marketingkonzepts

Situation (WARUM):
Trotz effektiver traditioneller Marketingstrategien fehlt es an Präsenz auf digitalen Plattformen, was junge Zielgruppen unzureichend anspricht.

Aufgabe (WAS):
Erarbeite bitte mit deinem Team zwei Optionen zur Verbesserung unserer digitalen Marketingpräsenz, um die Markenbindung und -sichtbarkeit zu erhöhen.

Durchführung (WIE):
- Erstkonzept bis Ende Q2
- Abstimmung mit dem Marketingteam und externen Beratern
- Budgetgrenze für initiale Kosten und laufende Ausgaben von xx €

Beispielhafter Auftrag für die Weiterentwicklung des Risikomanagements in einer Technikorganisation

Situation (WARUM):
In unserem excelbasierten Risikomanagement gibt es eine Vielzahl an Einzelrisiken ohne Metakategorien. Durch die hohe Anzahl und Art der Darstellung haben wir derzeit keine Risikotransparenz und erreichen damit kein Risikobewusstsein bei der Geschäftsführung.

Aufgabe (WAS):
Überlegt euch im Team bitte zwei Optionen, wie wir die bestehenden Risiken in einem Dashboard übersichtlicher darstellen können, um gemeinsam mit der Geschäftsführung risikobasierte Entscheidungen treffen zu können.

Durchführung (WIE):
- Erstkonzept bis Ende Q1
- Abstimmung mit dem internen Kontrollsystem und dem Enterprise-Risk-Management
- Obergrenze laufende Kosten pro Jahr 10.000 €/Jahr
- Wenn ein externes Tool genutzt wird, mindestens drei Anbieter mit Kostenvoranschlag

4.2.2 Situationsdarstellung

Willst du deinem Team eine Situation darstellen und mit ihnen an Lösungsoptionen arbeiten, kannst du das ebenso in der Gliederung Situation, Problem/Chance und Zielsetzung machen.

Beispielhafte Möglichkeit, wie du dein Team über die Situation bezüglich des Marketingkonzepts informieren kannst

Situation (WARUM)

In unserer aktuellen Marketingstrategie setzen wir vor allem auf traditionelle Kommunikationskanäle. Die Analyse von Markttrends und Daten zum Nutzerverhalten zeigen jedoch, dass unsere Kernzielgruppe zunehmend auf digitale Plattformen ausweicht, die wir bisher nur marginal nutzen.

Problemstellung/Chance (WAS)

- Unsere Marke ist auf neuen, digitalen Plattformen kaum sichtbar.
- Junge Zielgruppen, die zunehmend digital agieren, werden durch unsere bestehenden Marketingmaßnahmen nicht effektiv erreicht.
- Wir nutzen das Potenzial digitaler Marketingtools und -kanäle nicht vollständig aus.
- Eine strategische Ausweitung auf digitale Kanäle könnte unsere Sichtbarkeit und Kundenbindung erheblich verbessern.

Zielsetzung (WIE)

- Wie können wir digitale Marketingkanäle effektiv in unsere Gesamtstrategie integrieren, um die Markenpräsenz zu erhöhen und die Kundenbindung zu stärken?
- Welche Teammitglieder sind notwendig, um innovative digitale Marketinglösungen zu entwickeln, und wie können wir externe Experten effektiv einbeziehen?

Beispielhafte Möglichkeit, wie du dein Team über die Situation bezüglich der Weiterentwicklung des Risikomanagements informieren kannst

Situation (WARUM)

In unserem Excel mit den Risiken im Technikbereich gibt es eine Vielzahl an Einzelrisiken ohne Metakategorien.

Problemstellung/Chance (WAS)

- In der momentanen Darstellung werden Risiken mit einzelnen Schwachstellen vermischt.
- Durch diese Vermischung kommt es zu einer hohen Anzahl an Einzelrisiken.
- Neu hinzukommende, kritische Risiken gehen in der Fülle an dargestellten Risiken unter.
- Mit der derzeitigen Art der Darstellung haben wir keine interne Risikotransparenz und erreichen damit kein Risikobewusstsein bei den Geschäftsführern.

Zielsetzung (WIE)

- Wie können wir gemeinsam mit der Geschäftsführung risikobasierte Entscheidungen treffen?
- Wen brauchen wir im Team, um Lösungen zu erarbeiten?

4.2.3 Darstellung einer Entscheidungsfindung

Willst du eine Problemstellung oder Chance und die bestehenden Lösungsoptionen für eine bestimmte Gruppe aufbereiten, kannst du das ebenso in dieser Gliederung machen.

Beispielhafte Möglichkeit der Entscheidungsfindung bezüglich des Marketingkonzepts

Situation (WARUM)

Die Marketingstrategie unserer Organisation verlässt sich hauptsächlich auf traditionelle Methoden, obwohl sich die Zielgruppe zunehmend auf digitale Plattformen verlagert.

Problemstellung (WAS):

- Geringe Sichtbarkeit auf digitalen Plattformen
- Unzureichende Ansprache junger Zielgruppen
- Unausgeschöpftes Potenzial digitaler Tools und Kanäle
- Mögliche Erhöhung der Reichweite und Kundenbindung durch digitale Kanäle

Lösungsansatz (WIE):

1. Option: Verstärkte Nutzung bestehender digitaler Kanäle mit Optimierung
- Vorteile: Schnelle Implementierung, Nutzung vorhandener Ressourcen
- Nachteile: Begrenzte Reichweite, abhängig von der Effektivität der Optimierung

2. Option: Einführung neuer, spezifischer digitaler Marketingtools
- Vorteile: Zugang zu neueren Technologien und Methoden, potenziell höhere Effektivität und Reichweite
- Nachteile: Höherer Aufwand für Schulung und Implementierung, eventuelle Anfangsinvestitionen

3. Option: Partnerschaft mit einer Digital-Marketing-Agentur
- Vorteile: Zugriff auf Expertenwissen, umfassende und zielgerichtete Strategieentwicklung
- Nachteile: Laufende Kosten, Abhängigkeit von externen Dienstleistern

Empfehlung: Angesichts der Notwendigkeit, unsere Marke auf digitalen Plattformen sichtbar zu machen und eine jüngere Zielgruppe effektiv anzusprechen, empfiehlt sich die zweite Option. Die Einführung spezifischer digitaler Tools bietet das Potenzial für eine nachhaltige Steigerung der Markenpräsenz und Kundenbindung.

Kurzversion für die nachvollziehbare Begründung einer Marketingaktivität

Situation (WARUM):

Der Umsatz für das Produkt A ist im Juni um 17 % gefallen.

Aufgabe (WAS):

Unsere Daten weisen darauf hin, dass unser Mitbewerber B mit gesteigerten Marketingaktivitäten auf den Kanälen X und Y erfolgreich ist.

Durchführung (WIE):

Wir empfehlen daher, unsere Marketingaktivitäten für die nächsten drei Monate auf den Kanälen X und Y zu verstärken und den Kanal Z zu reduzieren.

Beispielhafte Möglichkeit der Entscheidungsfindung bezüglich des Risikomanagements

Situation (WARUM)

Die Risikodarstellung in der Technikorganisation wird derzeit in einem Excel durchgeführt. In diesem gibt es eine Vielzahl an Einzelrisiken, die keinen Metakategorien zugeordnet sind.

Problemstellung (WAS)

- In der momentanen Darstellung werden Risiken mit einzelnen Schwachstellen vermischt.
- Durch diese Vermischung kommt es zu einer hohen Anzahl an Einzelrisiken.
- Neu hinzukommende, wirkliche Risiken gehen in der Fülle an dargestellten Risiken unter.
- Mit der derzeitigen Art der Darstellung erreichen wir kein ausreichendes Risikobewusstsein außerhalb der Technikorganisation.

Lösungsansatz (WIE)

1. Option: Internes Dashboard auf Basis von einem bestehenden Business Intelligence Tool und definierten Metakategorien

- Vorteile:
- Geringere Entwicklungskosten (interner Aufwand in der IT)
- Rasche Umsetzung (ca. 4 Wochen)
- Nachteile:
- Beschränkte Funktionalität in der Darstellung
- Keine Integration in das Enterprise-Risiko-Managementsystem (ERM)

2. Option: Evaluierung und Beschaffung einer externen Softwarelösung

- Vorteile:
- Geringerer interner Aufwand in der IT (keine Integration aufgrund Cloud-Lösung notwendig)
- Verknüpfung mit dem Enterprise Risk Management automatisiert möglich
- Echtzeitdarstellung in einem Online Dashboard möglich
- Nachteile:
- Längere Umsetzung aufgrund Beschaffungsprozess (ca. 3 Monate)
- Laufende Kosten von 10.000 €/Jahr

3. Option: Beibehalten des Status quo

- Vorteile:
- Kein Aufwand
- Nachteile:
- Mangelndes Risikobewusstsein außerhalb der Technikorganisation und damit keine risikobasierten Entscheidungen

Empfehlung für Option 1, da ausreichend, um das notwendige Risikobewusstsein in der Geschäftsführung zu schaffen.

Der Vorteil dieser Struktur ist, dass du dich selbst oder dein Team dazu zwingst, dich nicht sofort auf die Lösung zu fokussieren, sondern zuerst die Situation zu beschreiben, dann die daraus resultierende Problemstellung oder Chancen abzuleiten und daraus mögliche Handlungsoptionen zu folgern.

In meinen bisherigen Führungsverantwortungen habe ich von meinen Mitarbeitern immer gefordert, Themen grundsätzlich so zu bearbeiten. Das ist zwar am Anfang mühsam, wird aber nach einiger Zeit zur Selbstverständlichkeit. Ich verwende diese Struktur auch, um relevante Themen für meine Kollegen oder Führungskräfte aufzubereiten. Das Feedback ist immer sehr positiv, da es hilft, das Problem oder die Frage schnell zu verstehen und den Lösungsvorschlag nachzuvollziehen.
Die Anwendung der dargestellten Struktur WARUM, WAS und WIE beim Denken, Erarbeiten und Kommunizieren hat folgende Vorteile:

- Sie hilft dir, ***Aufgaben*** gesamtheitlich zu strukturieren, und du musst dich bewusst mit der Situation auseinandersetzen, bevor du zu einer möglicherweise rein intuitiven Lösung springst.
- Sie ermöglicht, als ***Kommunikationstool,*** rasch nachzuvollziehen, warum es zu der vorgeschlagenen Lösung gekommen ist.
- Deine getroffenen ***Annahmen*** können durch andere bestätigt oder falsifiziert werden, und sollten sich im Laufe der Zeit Änderungen ergeben, können diese rasch in einer ***Folgebeurteilung*** evaluiert und eingearbeitet werden.
- Sie hilft deinen ***Mitarbeitern***, die ***Aufgabe zu erfassen*** und in Relation zur Organisation und deren Ziele zu setzen.
- Sie ermöglicht ***Selbstorganisation*** und ***Anpassung,*** wenn sich die ***Situation ändert***, da dein Team weiß, was denn der eigentliche Zweck ist und ob dieser sich geändert hat bzw. mit der Aufgabe noch erfüllt werden kann.

Die dargestellte Struktur WARUM, WAS und WIE folgt dem militärischen Schema Ansprechen, Beurteilen, Folgern. Wie du das noch strukturierter umsetzen kannst, schauen wir uns im nächsten Kapitel genauer an.

Leitfragen zur Reflexion
- Bekommst du Aufgaben bisher in ähnlicher Art und Weise?
- Hättest du schon einmal anders gehandelt, wenn du das Wozu, den Purpose, deiner Chefin gewusst hättest?
- Gibst du Aufgaben in ähnlicher Art und Weise?

Tipps für die praktische Umsetzung
- Probiere die Struktur einmal an konkreten, einfachen Beispielen aus dem eigenen Alltag aus.
- Die für dich wesentliche Leistung, deinen Purpose, dein Wozu, kannst du einfach mit den Worten: „Mir ist es wichtig, dass...", oder: „Ich möchte erreichen, dass...", ausdrücken.

5 WIE KANNST DU STRUKTURIERTE UND NACHVOLLZIEHBARE ENTSCHEIDUNGEN TREFFEN?

Wir haben also gesehen, wie du Aufgaben strukturieren und an deine Mitarbeiter delegieren kannst und welche Rahmenbedingungen die Erfolgschancen deines Teams erhöhen. Das setzt aber voraus, dass du eigentlich schon weißt, was du tun musst/willst und wie du es erreichen kannst. Eine Kurzversion mit der Gliederung in Situation, Problematik/Chance und Lösung haben wir uns bereits angesehen. Um diese Entscheidung zielgerichtet und nachvollziehbar zu treffen, hilft dir ein strukturierter Entscheidungsprozess bei der Entwicklung deiner Lösungsoptionen bzw. Handlungsmöglichkeiten. Hier hat das Militär ein wertvolles Werkzeug entwickelt: das sogenannte Führungsverfahren. Dabei handelt es sich um einen zielgerichteten, in sich geschlossenen Denk- und Handlungsablauf, der sich hervorragend zur strukturierten Analyse und Lösung allgemeiner Problemstellungen eignet.

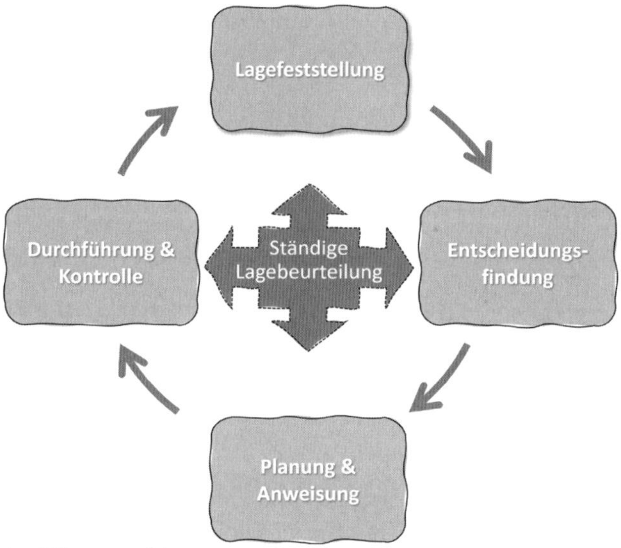

Vereinfachtes militärisches Führungsverfahren

Der Entscheidungs-(findungs-)Prozess ist quasi das Herzstück des Führungsverfahrens. Bei einem strukturierten Entscheidungsprozess wird ein Problem zunächst in seine Einzelteile zerlegt. Das bringt drei wesentliche Vorteile mit sich:

1. Einem schnellen Entscheiden aus dem Bauch heraus wird bewusst entgegengewirkt.[11]
2. An der Problemdarstellung und Lösungsfindung kann dezentral und parallel mit mehreren Personen/Teams gearbeitet werden.
3. Der Weg und die getroffenen Annahmen zur Entscheidung werden transparent und damit nachvollziehbar und steuerbar.

11 Eine der Kernaussagen von Daniel Kahnemann in seinem Buch „Thinking fast and slow" ist, nicht immer aus dem Bauch heraus zu entscheiden, sondern bewusst Optionen zu erarbeiten -> "Delay your intuition".

Das bedeutet, dass Entscheidungen allein, mit einzelnen Personen oder auch im Team getroffen werden können. Die geeignete Vorgehensweise hängt stark vom Zeitdruck, der Verfügbarkeit einzelner Personen, der Situation und dem eigentlichen Zweck ab.
Alle Vorteile, die das Führungsverfahren mit sich bringt, tragen dazu bei, dass es gerade in Krisensituationen oft erfolgreich als Krisenmanagementmethode eingesetzt wird. Dabei wird eigentlich übersehen, dass es auch in Situationen ohne großen Druck gute Ergebnisse liefert und bei jeder Führungstätigkeit eingesetzt werden kann und sollte.

5.1 Warum ein strukturierter Prozess?

Probieren wir aus, warum ein Entscheidungsfindungsprozess hilfreich ist. Denke kurz über folgende Aufgabe nach:

Wie viele Klavierstimmer gibt es in Wien?

Trage hier deine Schätzung ein – ohne zu googeln oder ChatGPT zu befragen. ;) ____________________

Versuchen wir nun, statt „aus dem Bauch heraus" das Problem systematisch anzugehen und Schritt für Schritt eine Lösung zu finden. Dazu habe ich beispielhaft einige Fragen entwickelt, die bei der Lösungsfindung hilfreich sein können. Beantworte die folgenden Fragen ebenfalls ohne Hilfsmittel.

Leitfragen zur Reflexion

Trage hier erneut Deine Schätzung von vorhin ein. ____________________

1. Wie viele Einwohner schätzt du hat Wien? ____________________
2. Wie viele Haushalte gibt es deiner Schätzung nach daher in Wien? ____________________
3. Wie viele Haushalte in Wien haben deiner Schätzung nach ein Klavier? ____________________
4. Wie oft schätzt du, muss man ein Klavier pro Jahr stimmen? ____________________/Jahr
   (Du kannst auch beispielsweise 0,5 für 1-mal in 2 Jahren eintragen.)
5. Multipliziere nun die Anzahl der Haushalte, die ein Klavier haben (Frage 3) mit der Anzahl des Klavierstimmbedarfs pro Jahr (Frage 4). ____________________
6. Wie viele Klaviere kann ein Klavierstimmer pro Tag stimmen? ____________________
7. Dividiere das Ergebnis von Frage 5 durch das Ergebnis von Frage 6 ____________________
8. Wie viele Tage arbeitet ein Klavierstimmer im Jahr? ____________________
9. Dividiere nun das Ergebnis von Frage 7 durch das Ergebnis von Frage 8 und trage es in Frage 10 als Ergebnis ein
10. Wie viele Klavierstimmer braucht man in Wien? ____________________

- Bist du dabei zum selben Ergebnis wie mit deinem Bauchgefühl gekommen?
- Fühlt sich das Ergebnis nachvollziehbarer an bzw kannst du es jemand anderem begründen?

Jetzt kannst du Klavierstimmer in Wien googeln[12] oder ChatGPT befragen. ;) ____________________

Unabhängig davon, zu welchem Ergebnis du kommst, sind die dargestellten Fragen nur eine Möglichkeit, das Problem in seine Bestandteile zu zerlegen. Wir haben z. B. die Klaviere in Schulen, Musikhäusern und Firmen nicht berücksichtigt oder die einzelnen Fragen nicht mit Experten oder Google genauer beantwortet und damit im Prinzip noch kein externes Wissen genutzt. Trotzdem können wir das Ergebnis besser begründen, Fehleinschätzungen einzelnen Antworten zuordnen und korrigieren und kommen oft auch ohne genaue statistische Zahlen oftmals zu einem besseren Ergebnis. Wir hätten auch andere Fragen stellen und die Beantwortung der Fragen auf verschiedene Personen oder Teams aufteilen und so parallel an der Lösung arbeiten können.

5.2 Entscheidungsprozess

„Zeige deinen Teams, WIE sie denken sollen, nicht, WAS sie denken müssen."

Basierend auf dem militärischen Führungsverfahren findest du nachfolgend ein Modell eines Entscheidungs-(findungs)-Prozesses, mit dem wir die Erkenntnisse aus dem vorangegangenen Beispiel der Klavierstimmung umsetzen. Der Prozess gliedert sich grob in die bereits bekannten drei Bereiche WARUM, WAS und WIE, auf die wir später Antworten finden möchten.

Im Folgenden findest du die einzelnen Punkte erklärt und Schritt für Schritt visuell im Entscheidungs-Canvas dargestellt. Damit du gleich siehst, wie das in der Praxis angewendet werden kann, habe ich verkürzt und auszugsweise dargestellt, wie dieser Entscheidungsfindungsprozess in unserem fiktiven Beispiel der Entwicklungsabteilung der Bank (Abschnitt 4.2.1) ausgesehen haben könnte.

12 Im Jahr 2024 bin ich auf der WKO-Seite auf 19 gekommen. (https://firmen.wko.at/klavierstimmer/wien)

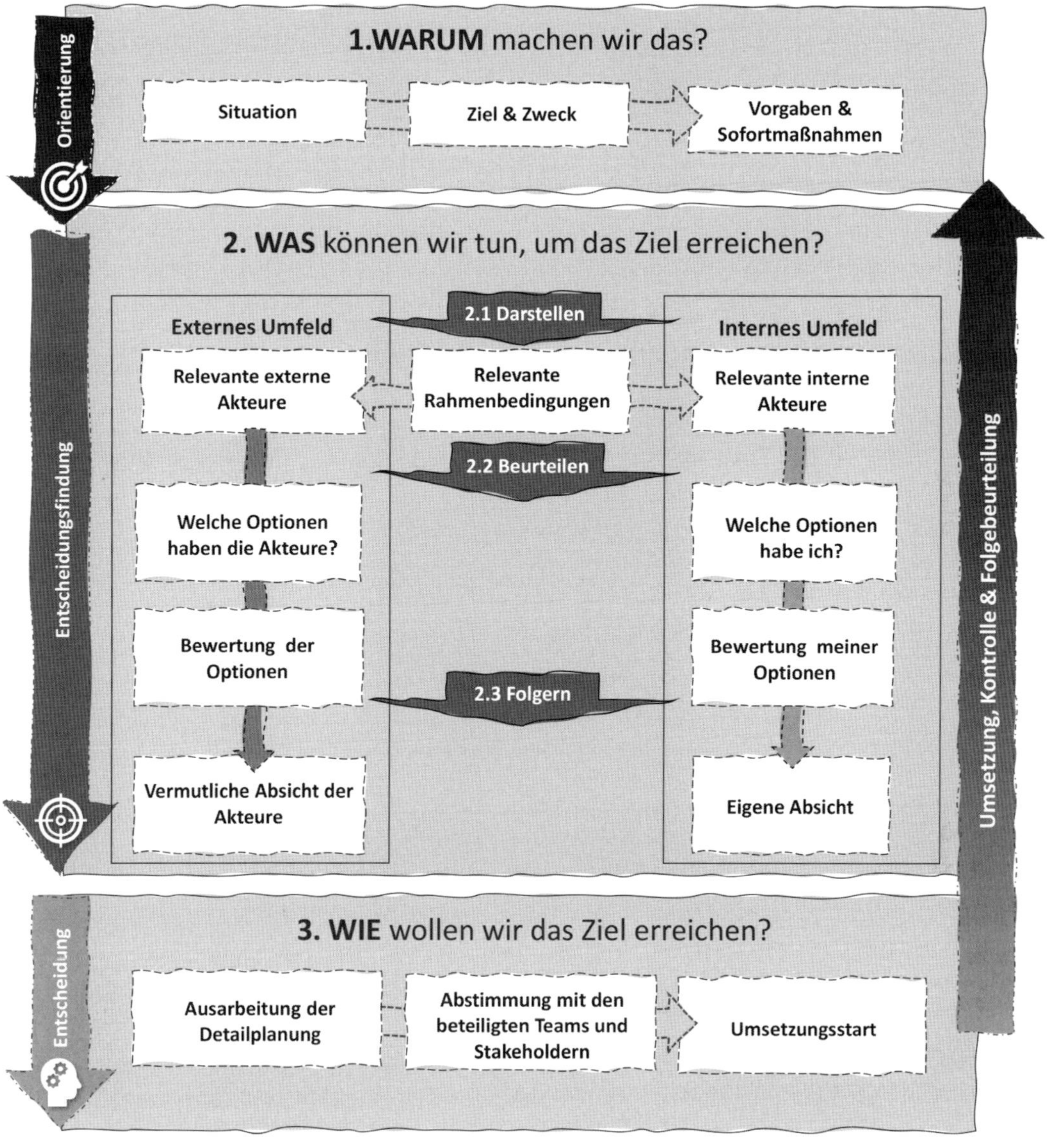

Entscheidungs-Canvas

1. WARUM? – Orientierungsphase

In der Orientierungsphase wird die Frage beantwortet, warum wir handeln müssen. Die allgemeine Situation, die Absichten der übergeordneten Ebene und deren wesentliche Leistungen sowie die Rahmenbedingungen hinsichtlich Umfang und Vorgaben werden analysiert. In dieser Phase wird auch entschieden, ob bestimmte Maßnahmen sofort umgesetzt werden müssen, wie z. B. die Freigabe von Budget, die Zuweisung von Personal oder die Einstellung von Dienstleistungen.

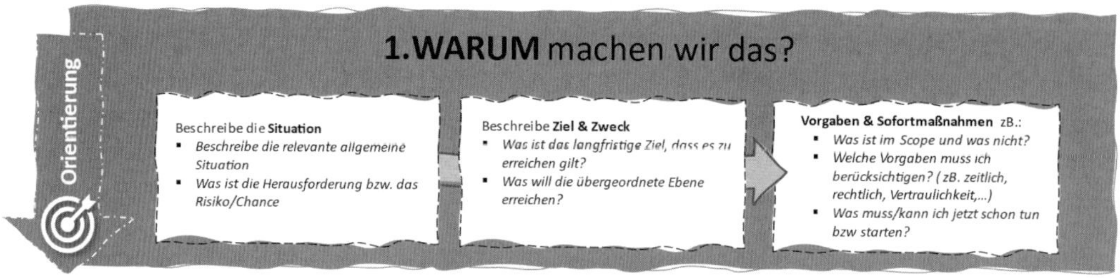

2. WAS? – Entscheidungsfindungsphase
In der Entscheidungsfindung wird überlegt, was wir tun können, um das Ziel zu erreichen. Dabei wird das Grundschema „Darstellen – Beurteilen – Folgern" genutzt.

2.1. Darstellen - Zuerst wird die Situation beschrieben, um sie zu verstehen. Hier gilt es die 3 wichtigsten Parameter - die relevanten externen Akteure, die relevanten internen Akteure und die Rahmenbedingungen zunächst getrennt zu betrachten.

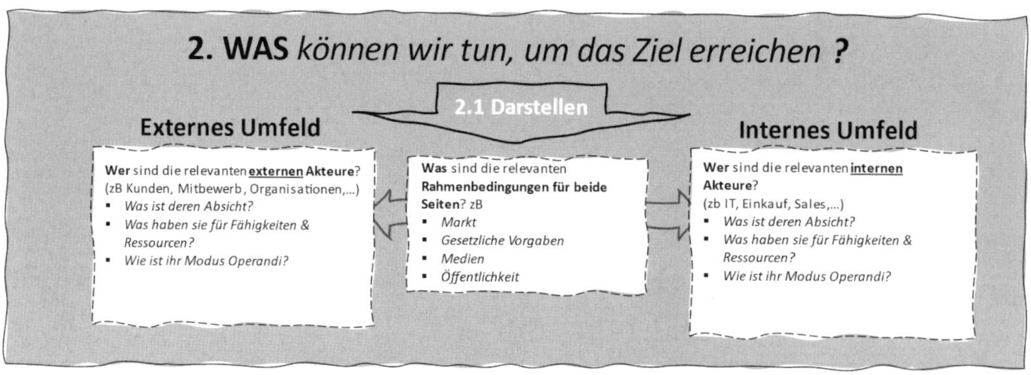

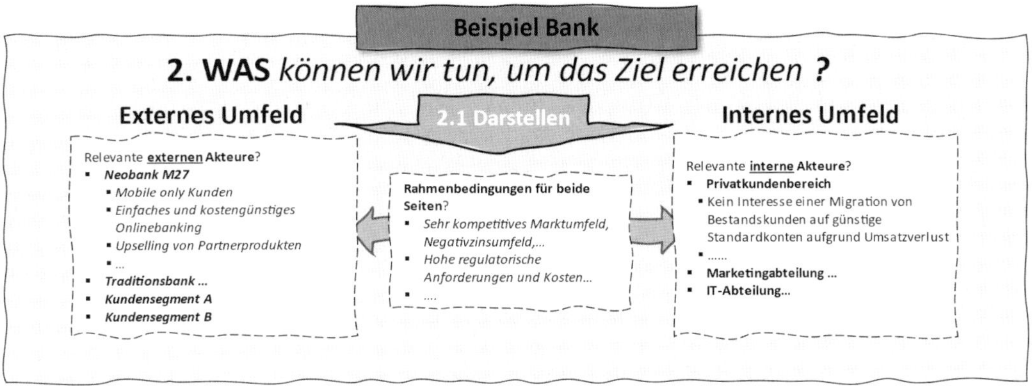

2.2. Beurteilen - Danach werden unterschiedliche Handlungsoptionen für die externen Akteure und deine eigenen Optionen entwickelt, die dann verglichen und bewertet werden.

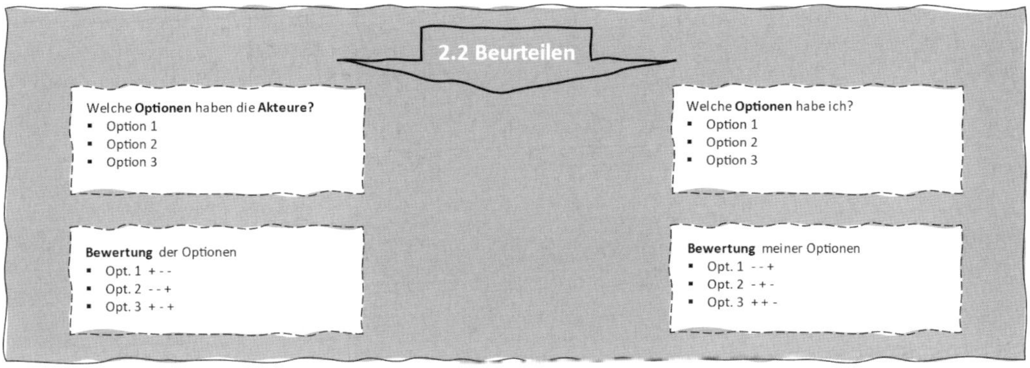

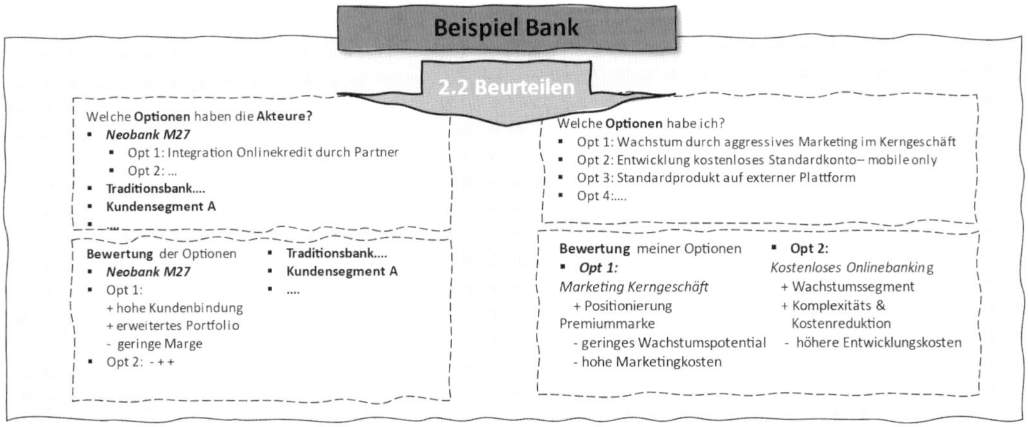

2.3. Folgern - Zuletzt wird die erfolgversprechendste Option für die Akteure als Annahme getroffen und die erfolgversprechendste eigene Option gewählt.

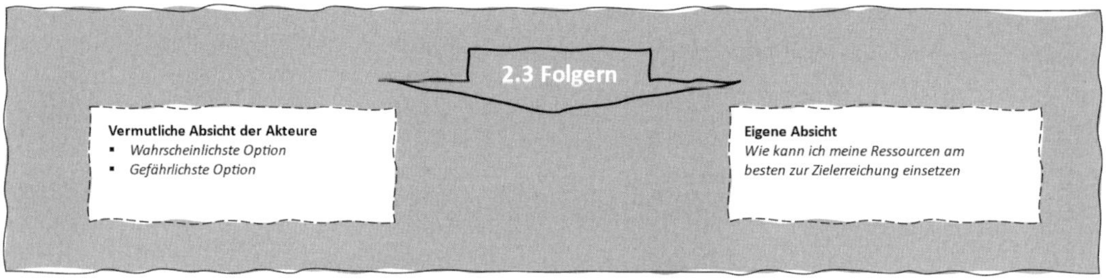

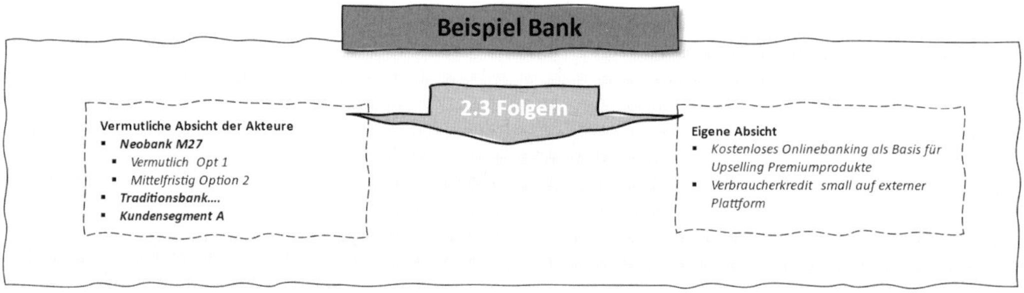

3. WIE? – Planungsphase
Im letzten Schritt wird dann gemeinsam erarbeitet, wie wir das Ziel erreichen wollen. Die gewählte Option wird im Detail ausgearbeitet und mit den beteiligten Personen/Teams abgestimmt.

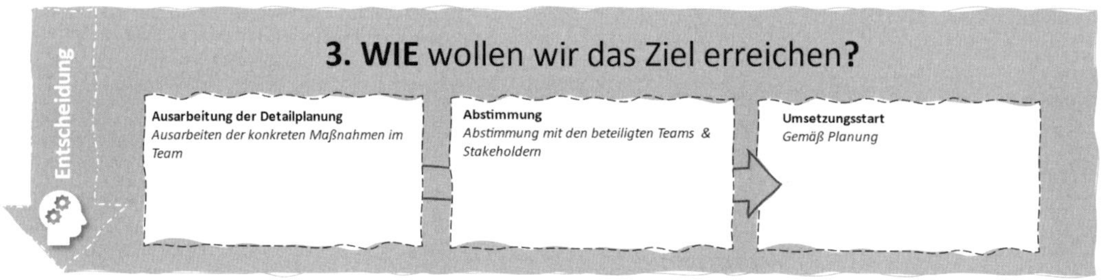

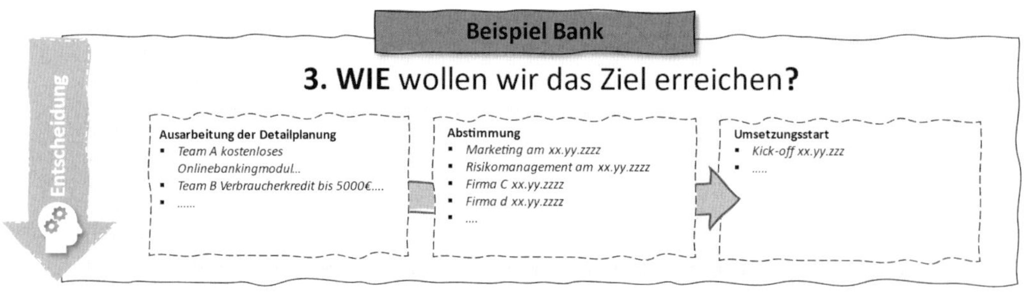

Der Entscheidungsfindungsprozess ist damit planmäßig abgeschlossen, geht anschließend in die Phasen Umsetzung und Kontrolle über und ist dann einem stetigen Kreislauf unterworfen.

1. Wozu machen wir das? (Orientierungsphase)
- Allgemeine Situation
- Was ist Ziel und Zweck und daher die wesentliche Leistung?
- Was ist im Scope/out of Scope?
- Was sind meine Einschränkungen?

2. Was können wir tun, um das Ziel zu erreichen (Entscheidungsfindungsphase)?
2.1 **Darstellen** – Verstehe die Situation.
- Externe Akteure (wer, Absicht, Fähigkeit und Ressourcen, Modus Operandi) bzw. Risiko (Eintrittswahrscheinlichkeit und Auswirkung)
- Interne Akteure (wer, Absicht, Fähigkeit und Ressourcen, Modus Operandi)
- Rahmenbedingungen (externe Faktoren)

2.2. **Beurteilen** – Entwickle (kreativ) und bewerte (analytisch) Handlungsoptionen.
- Externe Akteure
- Eigene Optionen

2.3. **Folgern** – Wähle die passende Option.
- Externe Akteure (am wahrscheinlichsten und am gefährlichsten)
- Eigene Optionen

3. Wie wollen wir das Ziel erreichen? (Planungsphase)
- **Detailplanung:** Abstimmung mit den beteiligten Teams und Stakeholdern

Das vorgestellte Führungsverfahren ist ein „Hidden Champion" des Managements oder, anders ausgedrückt, es ist das wertvollste Werkzeug, das ich beim Militär anzuwenden lernen durfte und das ich in meiner täglichen Praxis im Beruf nutze.

Es kann für die Erarbeitung von Handlungsoptionen auf allen Ebenen eingesetzt werden, sei es zur Strategieentwicklung, Produktentwicklung, zum Projektmanagement oder zur generellen Problemanalyse und Lösungsfindung im Daily Business. Die einzelnen Schritte können alleine, parallel und von verschiedenen Personen gleichzeitig durchgeführt werden. So kann z. B. die Strategieabteilung das Marktumfeld aufbereiten, das Marketingteam die Kundensegmente, die Produktentwickler die Produktspezifikationen oder die Rechtsabteilung die rechtlichen Rahmenbedingungen, um nur einige Beispiele zu nennen. Der Entscheidungsprozess ist mit allen gängigen Methoden und Kreativitätstechniken wie z. B. Jobs to be done, Design Thinking oder Szenarioanalysen kompatibel und kann als eigenständiges Werkzeug oder als Metamodell eingesetzt werden. Vergleichbare Ansätze finden sich etwa in der Harvard-Case-Study-Methode oder in der St.Galler Entscheidungsmethodik.

Der große Vorteil ist, dass alle Mitarbeitenden sehen, wo ihr Beitrag zum Ganzen ist und in den Prozess zur Lösungsfindung eingebunden sind. Dies bringt einerseits mehr Vielfalt in den Gesamtprozess, andererseits sehen sich die Beteiligten durch ihre Einbindung als Teil der Lösung und können bei Änderungen der getroffenen Annahmen eigenständig agieren.

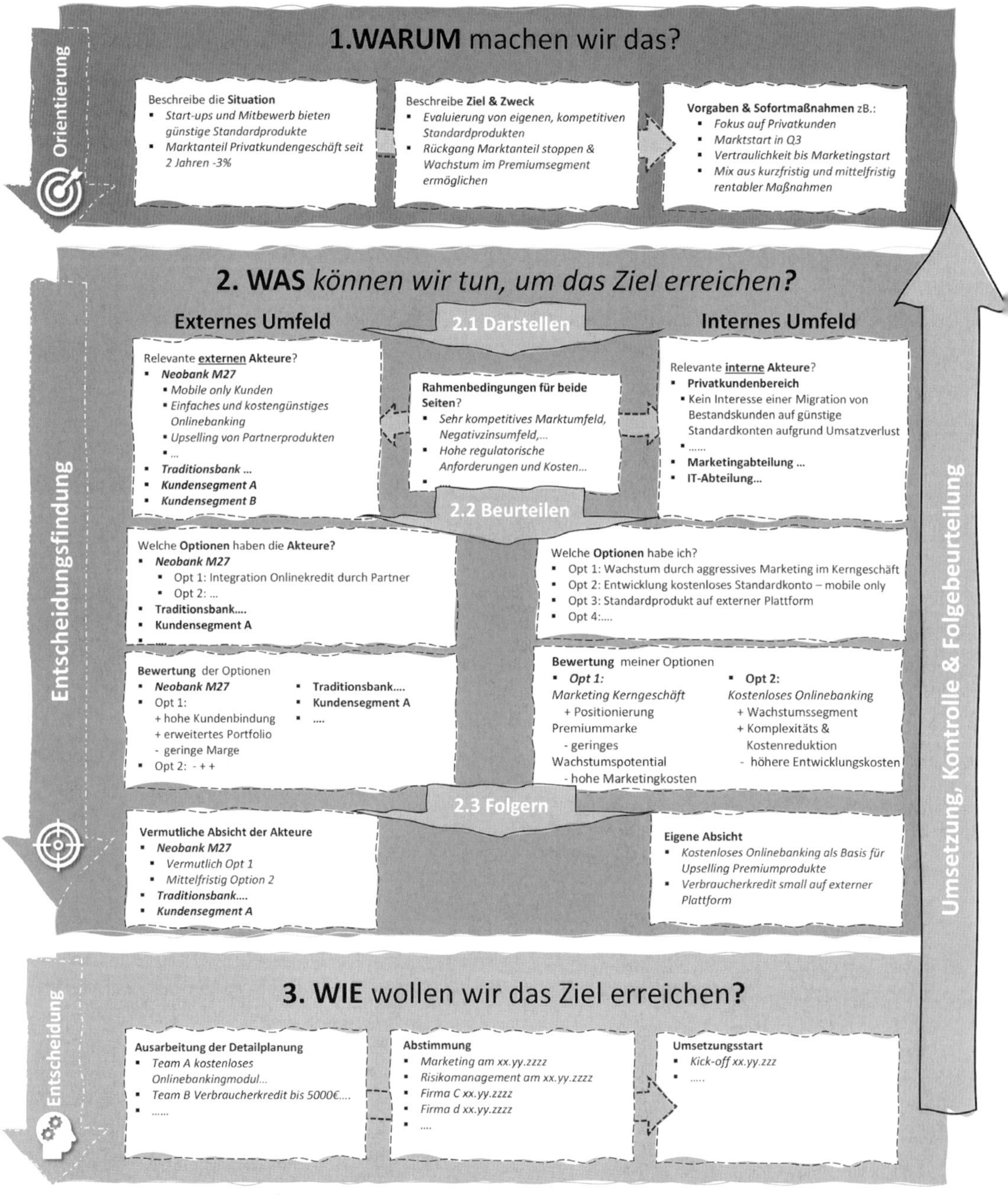

Beispielhafter, verkürzter Entscheidungs-Canvas für das dargestellte Bankenbeispiel.

Der Entscheidungsprozess entspricht im Prinzip dem Deming-Kreis mit Plan, Do, Check, Act, ist aber bereits im Grundschema wesentlich detaillierter. Er ist eher mit dem allgemeinen strategischen Managementprozess vergleichbar (siehe Abbildung oben). Auch hier werden auf Basis der Darstellung und Bewertung der externen und internen Faktoren Handlungsoptionen entworfen, bewertet und nach einer Entscheidung einer Planung, Umsetzung und Kontrolle unterzogen.

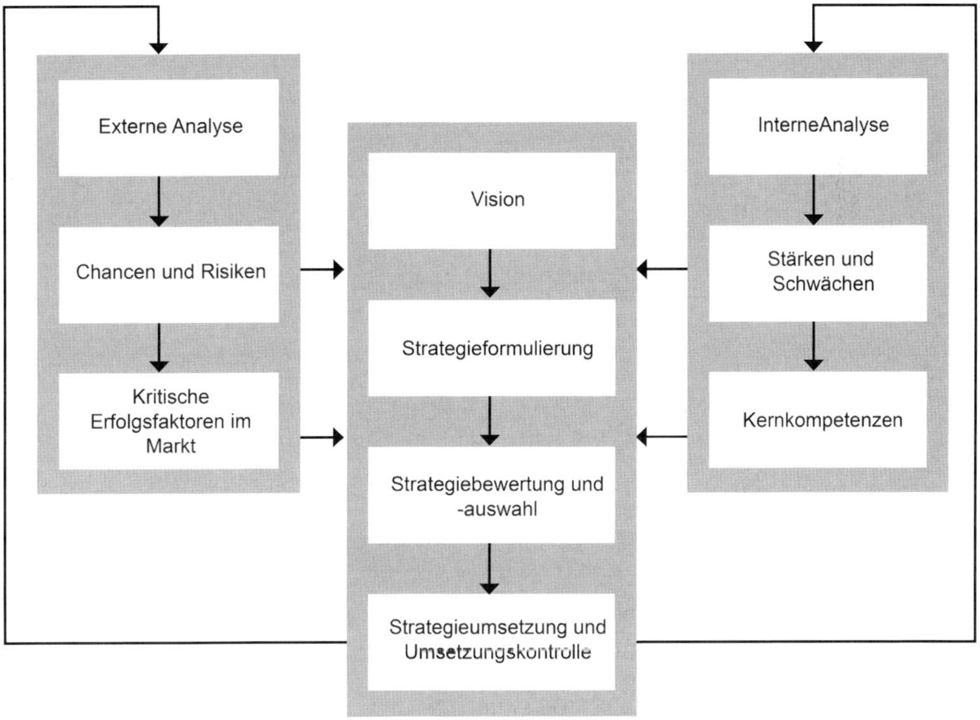

Prozess des strategischen Managements (Kurt Matzler, Julia Müller und Todd A. Mooradian, Strategisches Management: Konzepte und Methoden, 2011, Linde Verlag)

Ein wesentlicher Unterschied im Rahmen von *Führen durch Auftrag* ist jedoch, dass das Führungsverfahren, wie bereits dargestellt, von allen Führungsebenen zur Entscheidungsfindung genutzt werden kann und soll. Es verbindet die strategische Unternehmensführung mit der Umsetzungsebene und versetzt jede Person bzw. jedes Team in die Lage, strukturiert im Sinne des Ganzen zu klaren und nachvollziehbaren Entscheidungen zu kommen. Dies schafft die Voraussetzung, die zentralen Ziele des Unternehmens dezentral mit der notwendigen Handlungsfreiheit umzusetzen, d.h. die Strategie mit der operativen Umsetzung zu vernetzen. Ein positiver Synergieeffekt ist dabei die Schaffung von Akzeptanz für Entscheidungen, da Nachvollziehbarkeit und Transparenz der Entscheidungsfindung gegeben sind. Unabhängig davon, ob alle getroffenen Annahmen eintreffen, ist der Planungsprozess an sich sehr wertvoll. Durch das Durchspielen verschiedener Optionen kann bei Abweichungen zumindest teilweise auf bereits gemachte Überlegungen oder Varianten zurückgegriffen werden, mit dem Ergebnis, dass schneller reagiert werden kann. Ganz im Sinne der Aussage des ehemaligen Generals und US-Präsidenten Dwight D. Eisenhower: *„Plans are worthless, but planning is everything"*.

Beispiel Krisenmanagement

Im Rahmen eines Krisenmanagementtrainings in einem Konzern wurde ich kurzfristig gebeten, als Beobachter teilzunehmen. Es handelte sich um eine Tochtergesellschaft, die mit dem Management und relevanten Schlüsselpersonen des Krisenteams eine Übung durchführte. Ich kannte weder das Geschäftsmodell der Organisation noch die Ausgangslage und war gespannt auf den Verlauf der Übung. Während die Ausgangssituation vorgelesen wurde, nutzte ich für mich das Führungsverfahren, um die Situation zu verstehen und Lösungsoptionen für mich zu erarbeiten. Ohne auf relevante Details einzugehen, wurde mir durch strukturierte Analyse und Bearbeitung in kurzer Zeit klar, dass von dem dargestellten Szenario eines IT-Ausfalls nur das Neukundengeschäft betroffen war. Ich überlegte mir daher Handlungsoptionen, wie dieser bis zur Wiederherstellung der betroffenen Systeme überbrückt werden könnte bzw. welche Maßnahmen sinnvoll wären. Das Ergebnis war, dass ich nach ca. fünf Minuten ohne Kenntnis der Organisation das Kernproblem erkannt und für mich bereits zwei Lösungsoptionen skizziert hatte. Interessant war, dass im Krisenteam erst nach 45 Minuten die Aussage kam, dass eigentlich nur das Neukundengeschäft betroffen sei und erst danach an Lösungen für das erkannte Problem gearbeitet wurde.

Fazit: Eine strukturierte Herangehensweise mit Darstellung, Bewertung und Schlussfolgerung hilft schneller und gezielter, das Problem/die Chance zu erkennen und eine Lösung zu finden, unabhängig davon, ob es sich um eine Krise oder um das tägliche Management handelt.

Leitfragen zur Reflexion

- Wie werden in deiner Organisation Entscheidungen getroffen?
- Wie transparent ist euer Entscheidungsprozess?
- Kann euer Entscheidungsprozess allein oder mit verschiedenen Personen gleichzeitig genutzt werden?

Tipps für die praktische Umsetzung

- Probiere den Entscheidungsprozess an einem konkreten Beispiel aus dem eigenen Alltag aus (z. B. ein Projekt, eine Problemstellung).
- Starte zunächst allein und versuche dann, auch verschiedene Personen mit einzubeziehen.

6 WELCHE VORAUSSETZUNGEN BRAUCHT FÜHREN DURCH AUFTRAG?

Damit *Führen durch Auftrag* optimal funktionieren kann, bedarf es bestimmter Rahmenbedingungen. Diese lassen sich gut mit Hilfe des Motivationsdreiecks darstellen, das aus den Feldern Wissen, Können und Wollen besteht und in dessen Mitte Vertrauen steht. Anhand dieses Modells lässt sich analysieren, welche Faktoren in deinem Team vorhanden sind, wodurch Probleme verursacht werden bzw. entstehen können und woran du arbeiten kannst, um diese zu lösen.

Voraussetzungen für das Führen durch Auftrag

I. Vertrauenskultur

Im Mittelpunkt von *Führen durch Auftrag* steht eine Kultur des gegenseitigen Vertrauens, in der die Führungskraft darauf vertraut, dass die Mitarbeiter im Sinne der Führungskraft handeln und den gewährten Handlungsspielraum nutzen. Die Mitarbeiter wiederum vertrauen darauf, dass die Führungskraft nur Aufträge erteilt, die auch realistisch mit den zur Verfügung stehenden Mitteln und Fähigkeiten umsetzbar sind. Statt Mitarbeiter zu über- oder unterfordern, ist die Zielsetzung der Führungskraft hier ein bewusstes Fordern. Vertrauen kann somit auch als Voraussetzung dafür gesehen werden, dass die Mitarbeiter den Handlungsspielraum nutzen dürfen.

II. Wissen

Nur wenn die Mitarbeiter die notwendige Information haben, können sie passend handeln. Eine permanente und offene Kommunikation ist wesentlich für das Gelingen von *Führen durch Auftrag*. Wichtig ist, dass die Mitarbeiter rückmelden, wenn sich aus ihrer Sicht wesentliche Rahmenbedingungen ändern oder wenn sie aufgrund der Situation von ihrem Auftrag abweichen müssen, um die wesentliche Leistung zu erfüllen. Auch das aktive Teilen von Misserfolgen mit anderen, um aus diesen lernen zu können, trägt zu einer permanenten Weiterentwicklung deines Teams und der gesamten Organisation bei. Dies bedarf einer positiven Fehlerkultur und eines permanenten Feedback Loops mit den relevanten Akteuren.

III. Können

Der Handlungsspielraum ist so zu wählen, dass er den Kompetenzen des Mitarbeiters entspricht. Die Umsetzung von *Führen durch Auftrag* erfordert Investitionen in die Fach-, Methoden- und Sozialkompetenz der Führungskräfte und Mitarbeiter, um den Handlungsspielraum kontinuierlich zu erweitern. Insbesondere das Coaching beim Einsatz von *Führen durch Auftrag* ist ein wesentliches Element, um Erwartungshaltungen abzugleichen, das Team weiterzuentwickeln und damit mittelfristig die Ergebnisse zu optimieren. Hier gilt es zu schulen, Wissen anzuwenden, auszuprobieren und bei der Optimierung zu unterstützen.

IV. Wollen

Führen durch Auftrag bedeutet, dass die Führungskraft die Umsetzungsverantwortung für die Auftragserfüllung abgibt (Die Ergebnisverantwortung bleibt allerdings bei der Führungskraft). Der Mitarbeiter übernimmt diese Verantwortung für die Auftragserfüllung im Rahmen seines Handlungsspielraumes (und dessen kreativer Nutzung) und muss dies auch wollen. Um dieses Wollen zu fördern, ist es wichtig, das Wozu zu vermitteln, die Menschen in die Planung einzubeziehen und sie in ihrem Handeln kreativ werden zu lassen.

Leitfragen zur Reflexion

- Hast du eine Vertrauenskultur in deinem Team und in deiner Organisation?
- Wird konstruktives Feedback wechselseitig gelebt und geschätzt?
- Werden Fehler als Lernchance wahrgenommen?
- Wird Verantwortung übertragen, aber auch eingefordert?
- Wird Weiterentwicklung aktiv und zielgerichtet gefördert, gefordert und auch vorgelebt?

Tipps für die praktische Umsetzung

- Plane mit deinem Team auch außerberufliche Aktivitäten, um eure Beziehung und das gegenseitige Vertrauen zu stärken.
- Hole dir aktives Feedback von deinen Peers, deinem Chef und deinen Mitarbeitern.
- Gib deinen Mitarbeitern Feedback in einem für sie passenden Umfang und Rahmen.
- Besprich mit deinen Mitarbeitern die persönliche Weiterentwicklung und deine eigene mit deinem Vorgesetzten.
- Realisiere in regelmäßigen Abständen und nach größeren Projekten gezielte Lessons Learned Sessions, um Verbesserungspotenzial zu erkennen und umzusetzen.

7 ZUSAMMENFASSUNG *FÜHREN DURCH AUFTRAG*

Führen durch Auftrag ist eine Führungsphilosophie, die es ermöglicht, Stabilität und Dynamik miteinander zu verbinden. Durch die Vorgabe eines klaren Ziels und dessen Zweck (Purpose) kann der situativ vorhandene Handlungsspielraum voll ausgeschöpft werden. Dies fördert die Motivation der Mitarbeiter, nutzt die vorhandene Kreativität der wertvollen Ressource Mensch und ermöglicht so eigenverantwortliches Handeln im Sinne der Organisation. Diese Führungsphilosophie lässt sich unmittelbar im eigenen Verantwortungsbereich umsetzen, wobei der richtigen Festlegung des Handlungsspielraums und der Zielformulierung eine Schlüsselfunktion zukommt. Grundsätzlich gilt: Je geringer die Führungsspanne, desto geringer der Handlungsspielraum, da weniger Elemente und Alternativen zur Zielerreichung zur Verfügung stehen. Die dargestellte Gliederung – WARUM, WAS und WIE – hilft dir beim Strukturieren deiner Aufgaben und macht es für deine Mitarbeiter leichter erfassbar.

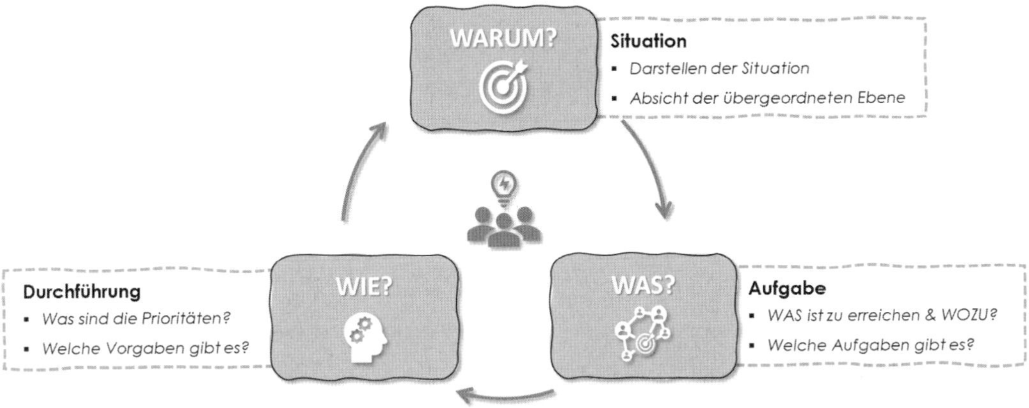

Führungsverfahren

Ein strukturierter Ansatz zur Entscheidungsfindung ermöglicht ein durchgängiges Vorgehen auf allen Führungsebenen und hilft, komplexe Sachverhalte zu erfassen, zu strukturieren und systematisch zu analysieren. Wenn du diese Methode mit deinem Team anwendest, kannst du mit verschiedenen Personen/Teams gleichzeitig und dezentral an der Problemlösung arbeiten. Wenn du die Methode in Kombination mit deinen Prinzipien (Absatz. 9.1.2) konsequent anwendest, ist der Erfolg zwar nicht garantiert, aber die Wahrscheinlichkeit dafür deutlich erhöht.

Der dargestellte Entscheidungsprozess ist die Grundlage für die militärische Kernkompetenz, in kurzer Zeit zu einem umfassenden und strukturierten Plan zu gelangen, der Notfallpläne und verschiedene Handlungsoptionen berücksichtigt und eine rasche und koordinierte Umsetzung ermöglicht. Genau diese Fähigkeit kannst du nun auch in deinem Team anwenden. Es ist wichtig zu verstehen, dass dieser Prozess zwar vorgibt, wie du denken sollst (oder wie du zu einer Entscheidung kommst), aber nicht, was du denkst. Diese Krisenmanagementkompetenz sollte nicht nur in Krisensituationen eingesetzt werden, sondern auch im Alltag, wo sie ebenso hilfreich ist. Durch die Anwendung des strukturierten Führungsverfahrens befähigst du jede Person im Unternehmen, in ihrem eigenen Bereich strategisch zu denken und das eigene Handeln in den Kontext des Unternehmens zu stellen. So gelingt es letztlich, die vorhandene Vielfalt als Wettbewerbsvorteil in einer dynamischen Welt proaktiv zu fördern und zu nutzen.

Leitfragen zur Reflexion

- Was ist dein bisher größtes Learning bzw. was hat dich am meisten überrascht?
- Wo siehst du das größte Potenzial für *Führen durch Auftrag* in deinem Alltag?
  - Wo wäre es am schnellsten umsetzbar?
  - Wo hätte es die größte Wirkung?
  - Wo wäre es am dringendsten notwendig?

Tipps für die praktische Umsetzung

- Gib das WARUM und das WAS vor, aber lasse Handlungsspielraum in der Planung und Umsetzung zur Zielerreichung (also beim WIE).
- Schränke den Handlungsspielraum nur ein, wenn es Koordinationsbedarf oder wichtige Vorgaben gibt (z. B. Sicherheitsmaßnahmen, juristische Vorgaben).
- *Führen durch Auftrag* setzt gegenseitiges Vertrauen voraus und benötigt die drei Faktoren Wissen, Können und Wollen. Das bedeutet Zeit und Aufwand für dich und dein Team auf der Beziehungsebene und der kontinuierlichen Weiterentwicklung.
- Unterstütze mit einem organisationsweiten Führungsverfahren, aber gib Freiheit im Prozess zur Entscheidungsfindung.

Tools

Warum?
„Gib Kontext"
	Situation	▪ Darstellen der **Ausgangssituation** zB.:
		  ▪ Was macht der Markt/Mitbewerber/Kunde/Business Bereich,...
		  ▪ Was ist die Problemstellung?
		▪ **Absicht & Purpose** der **übergeordneten Ebene** (Was & Warum)
		  ▪ Was will die nächsthöhere Führungsebene in diesem Zusammenhang erreichen?
		  ▪ Was ist deren kurz- und langfristiges Ziel, das wir unterstützen müssen?

Was?
„Vernetze dein Team"
	Aufgabe	▪ **Was** ist zu erreichen und **Warum**? (Eigene Absicht und Purpose)
		  ▪ Was ist daher das kurzfristige und langfristige Ziel in deinem Verantwortungsbereich?
		▪ Welche **Aufgaben** gibt es und wer ist **verantwortlich**? (Abstimmung)
		  ▪ Wer ist an dieser Zielerreichung womit beteiligt?
		  ▪ Wer muss sich daher mit wem abstimmen oder zusammenarbeiten?

Wie?
„Ermögliche Kreativität"
	Durchführung	▪ Was sind die **Prioritäten**?
		  ▪ Welche Ziele/Teams haben Priorität hinsichtlich Budget/Ressourcen oder Zeit?
		▪ Welche **Vorgaben** gibt es? zB.:
		  ▪ Zeitliche, rechtliche und sicherheitsmäßige Vorgaben
		  ▪ Koordination mit bestimmten Teams/Personen
		▪ **Backbrief**
		  ▪ Nächste Abstimmung

Führen durch Auftrag – Cheat Sheet

Voraussetzungen für *Führen durch Auftrag* und Kernpunkte, um dieses zu schaffen.

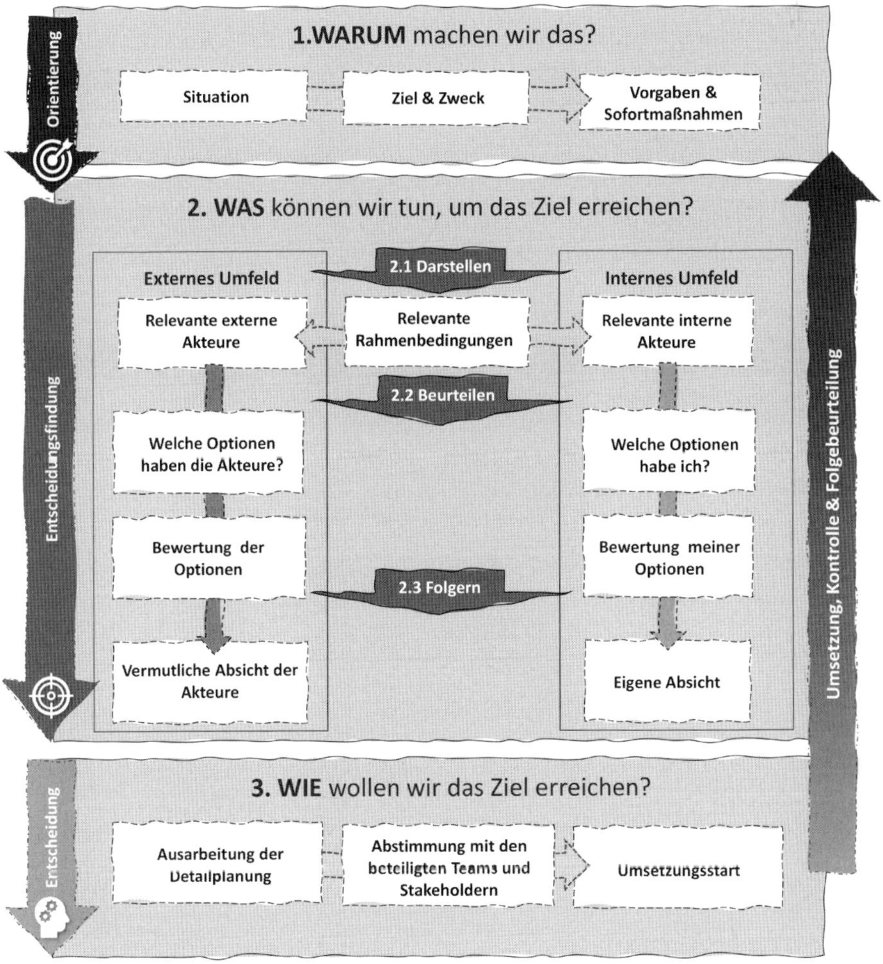

Führungsverfahren

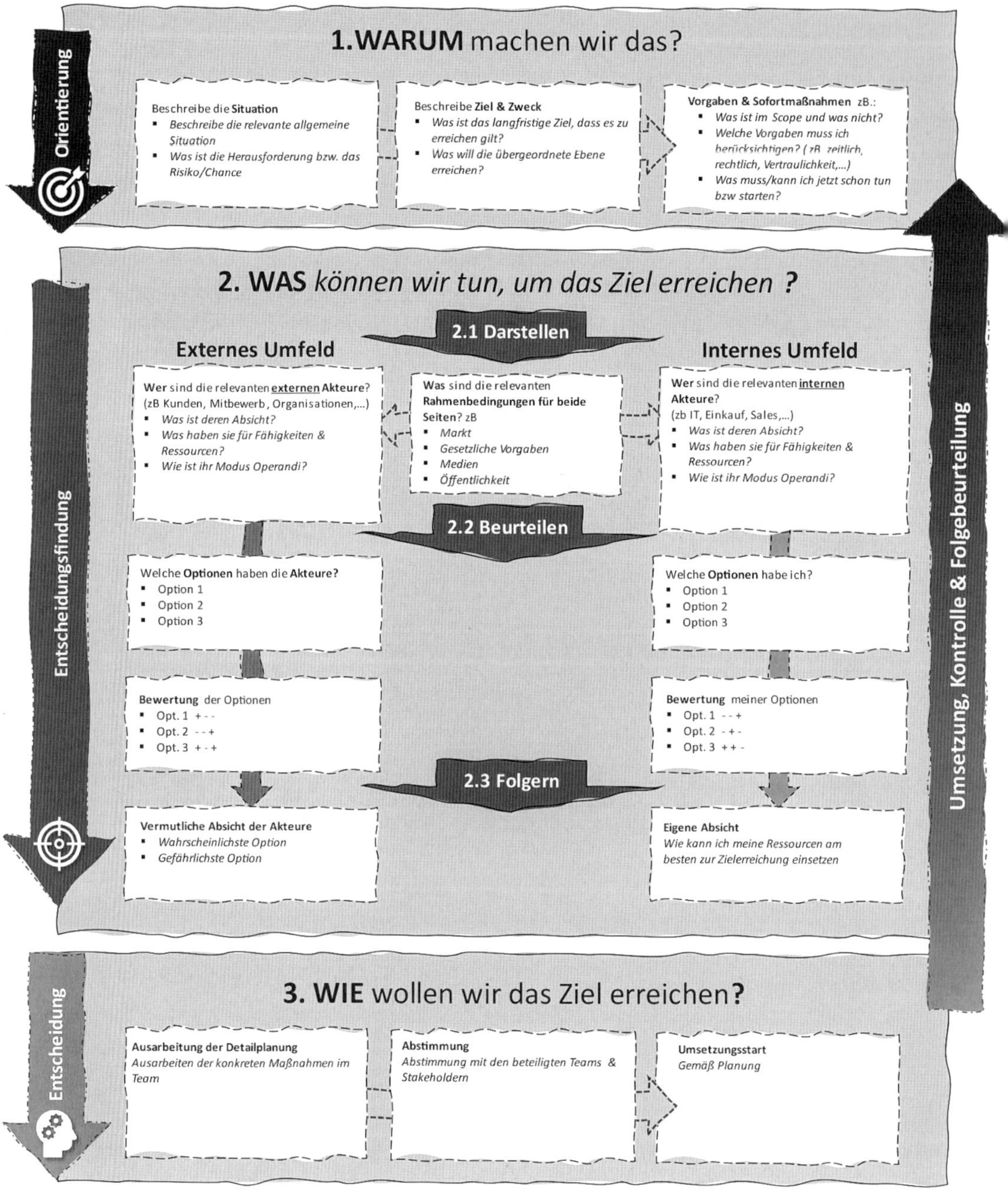

Entscheidungsfindungs-Canvas Führen durch Auftrag

Entscheidungsfindungsprozess

1. Warum machen wir das? (Orientierungsphase)

- Allgemeine Situation
- Was ist Ziel und Zweck und daher die wesentliche Leistung?
- Was ist im Scope/out of Scope?
- Was sind meine Einschränkungen?

2. Wie können wir das Ziel erreichen? (Entscheidungsfindung)

2.1. Darstellen – Verstehe die Situation (Beschreibe)

- Externe Akteure (wer, Absicht, Fähigkeit und Ressourcen, Modus Operandi) und/oder Risiko (Eintrittswahrscheinlichkeit und Auswirkung)
- Rahmenbedingungen (externe Faktoren bspw. Medien, Gesetze)
- Interne Akteure (wer, Absicht, Fähigkeit und Ressourcen, Modus Operandi)

2.2. Beurteilen – Entwickle (kreativ) Handlungsoptionen

- Externe Akteure/Risiko
- Eigene Optionen

2.3. Folgern – Bewerte deine Optionen (analytisch)

- Externe Akteure/Risiko (am wahrscheinlichsten und am gefährlichsten)
- Eigene Optionen

2.4. Wähle die beste Option (Entscheide)

3. Wie wollen wir das Ziel erreichen (Planungsphase)

- Detailplanung: Abstimmung mit den beteiligten Teams und Stakeholdern

Struktur des Führungsverfahrens

Notizen

Teil 3: WIE du *Führen durch Auftrag* in dein Team integrierst

„Es ist nicht die stärkste Spezies, die überlebt, auch nicht die intelligenteste, sondern eher diejenige, die am besten in der Lage ist, sich zu verändern und der Umwelt anzupassen."

(Charles Darwin)

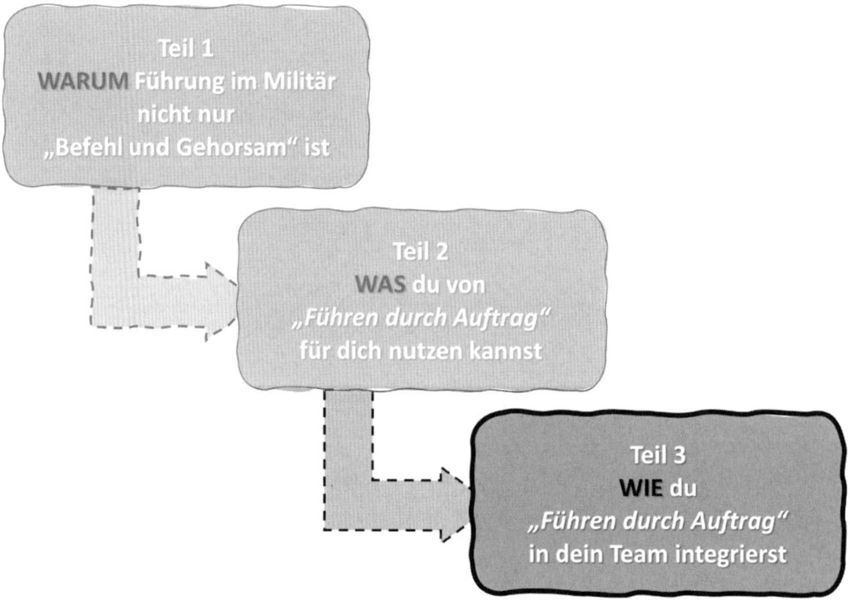

Auch wenn du die Prinzipien von *Führen durch Auftrag* mit deinem Mindset und den vorgestellten Tools sofort und eigenständig in deinem Team anwenden kannst, entfaltet diese Führungsphilosophie ihre größte Wirkung, wenn sie im gesamten Team, Bereich oder sogar in der gesamten Organisation gelebt wird. Ein vernetztes Team, das schnell, adäquat und vor allem dezentral auf Veränderungen reagieren kann, fördert gezielt Resilienz. Resilienz ist dabei nicht als festes Ziel zu verstehen, sondern als dynamischer Zustand, der von der vorhandenen Vielfalt abhängt.

Durch die Gewährung von Handlungsspielräumen für das gesamte Team kannst du diese Vielfalt gezielt fördern. Dabei ist es wichtig, sowohl die Vorteile als auch die Herausforderungen von Vielfalt zu kennen und angemessen zu nutzen. Zu den größten Herausforderungen zählen die potenziell geringere Effizienz sowie die notwendigen Einschränkungen aufgrund von Abhängigkeiten oder regulatorischen Vorgaben.

Im dritten Teil dieses Buches werden wir uns mit den Elementen beschäftigen, die du nutzen kannst, um *Führen durch Auftrag* in deinem Team oder deiner Organisation zu implementieren. Unser Ziel ist es, eine intelligente und vernetzte Organisation zu schaffen, die in unserer dynamischen Welt nachhaltig erfolgreich agieren kann. Dies erfordert eine Kombination aus klassischem Management und hierarchischer Organisation, um Stabilität durch Autonomie und verteilte Autorität zu gewährleisten. Autonomie und verteilte Autorität sind notwendig, um schnell und adäquat auf hohe Komplexität und widersprüchliche Anforderungen von Stakeholdern und Kunden reagieren zu können.

Nachdem wir uns in den vorangegangenen Kapiteln mit *Führung durch Auftrag* beschäftigt haben, werden wir in den folgenden Kapiteln darauf eingehen, wie man sein Team befähigt, wie man die Richtung vorgibt und gleichzeitig Freiräume lässt und schließlich, wie man strukturelle Vernetzung ermöglicht.

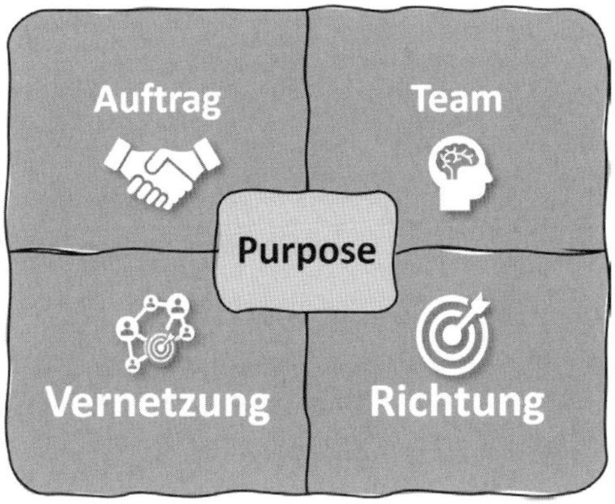

8 GESTALTE DAS POTENZIAL DEINES TEAMS

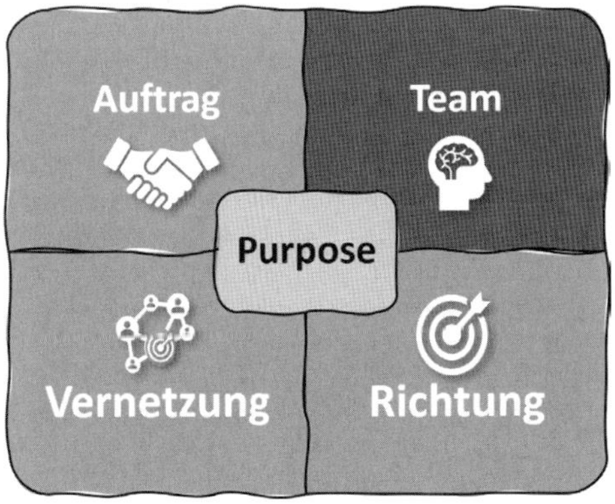

Führen durch Auftrag befähigt ...
- die Person oder das Team nahe am Problem oder beim Kunden,
- entsprechend der Situation vor Ort,
- im Rahmen ihres Handlungsspielraums,
- im Sinne der Organisation zu handeln.

Die handelnden Personen, also die Mitarbeiter und Führungskräfte, stehen somit im Mittelpunkt von *Führen durch Auftrag* und es bedarf, wie bereits bei den Voraussetzungen dargestellt, einer Investition in die fachlichen, methodischen und sozialen Kompetenzen der Führungskräfte und Mitarbeiter, um die Handlungsspielräume nutzen und erweitern zu können. Die Methodik des Coachings, d. h. das Geben und Nehmen von Feedback bei der Anwendung von *Führen durch Auftrag*, ist von großer Bedeutung, um die Erwartungshaltungen abzugleichen und damit mittelfristig die Ergebnisse zu optimieren.

8.1 Entwickle deine Führungskräfte

In Zeiten der Unsicherheit und des permanenten, raschen Wandels besteht ein hoher Bedarf an Führungskräften, die fähig und willens sind, die Initiative zu ergreifen, Probleme frühzeitig zu erkennen und zu lösen sowie die gestellten Aufgaben mit einem Team adäquat umzusetzen. Führung ist eine Kernkompetenz des Militärs und wird von Anfang an im System gefordert. Das beginnt bereits am ersten Tag, wenn ein Rekrut einrückt und z. B. als „Taghabender" eingeteilt wird. In dieser Rolle werden ihm erste, kleine Führungsaufgaben und damit auch Verantwortung übertragen. Im einfachsten Fall bedeutet das, dass er dafür zu sorgen hat, dass alle zur richtigen Zeit mit der richtigen Ausrüstung am richtigen Ort sind. Das ist bei ca. 40 Personen oft gar nicht so einfach, denn es kommt immer wieder vor, dass etwas vergessen wird, jemand noch einen Kaffee trinkt oder schlicht zu spät kommt. In dieser Situation sammelt man erste Führungserfahrungen, lernt, was es heißt, Verantwortung zu tragen und wie man mit unterschiedlichen Personen und Charakteren umgehen muss. Gerade der Wechsel dieser Führungsaufgabe, die jeder einmal übernehmen muss, zeigt durch die oft unterschiedlichen Interessen von Geführten und Führenden verschiedene Perspektiven auf. Wer selbst einmal „Taghabender" war, wird auch als Geführter verstehen, dass es Sinn macht, fünf Minuten vor einem Termin vor Ort zu sein, um vergessenes Material zu organisieren oder „vermisste Kollegen" zu suchen.

8.1.1 Führungskräfteausbildung beim Militär

Im militärischen Bereich ist der Kommandant für die ihm unterstellten Elemente im Rahmen des Auftrages und des Willens der übergeordneten Führung verantwortlich. Weniger in der Öffentlichkeit bekannt ist, dass die Führungsfunktion im Bundesheer neben den notwendigen Kompetenzen auch verschiedene Rollen wie „Kämpfer, Ausbilder, Erzieher, Organisator, Helfer und Verwalter" fordert. Die Führungskraft muss vorbildlich, gerecht und wohlwollend handeln und hat eine Fürsorgepflicht für die ihr anvertrauten Menschen. Kommunikation auf allen Ebenen wird als Kernaufgabe der Führung definiert und beeinflusst nicht nur die Moral und die Einsicht der Truppe, sondern ist auch die Grundlage für mitdenkendes Handeln im Sinne des Auftrages. Eine regelmäßige, aktuelle und sachliche Lageinformation, die auch Schwierigkeiten nicht verschweigt, ist daher die Grundlage für Verständnis und Vertrauen, die gerade in schwierigen Situationen notwendig sind.

Die Führungskultur der Auftragstaktik erfordert bereits auf der unteren Führungsebene ein taktisches Grundverständnis, um die Auftragserfüllung bestmöglich und selbständig im Sinne der übergeordneten Ebene durchführen zu können. Grundsätzlich ist ein Stellvertreter zu benennen, der bei allen relevanten Tätigkeiten unterstützt, bei Abwesenheit der Führungsfunktion deren Rolle übernimmt und auch Entscheidungsbefugnisse hat.

Das Militär legt deshalb grossen Wert auf die Qualität seiner Führungskräfte, hat ein klar definiertes Zielbild, investiert viel Zeit und Ressourcen in die Ausbildung und verlangt bereits von den untersten Kaderstufen ein hohes Mass an Verantwortung. Eine anspruchsvolle und praxisnahe Ausbildung ermöglicht es den Führungskräften, Flexibilität und Innovationskraft im Umgang mit gefährlichen und komplexen Situationen zu erwerben. Vor allem die standardisierte Ausbildung schafft ein gemeinsames Verständnis für das Wesen der Organisation und die Zusammenhänge in ihr, was das *Führen durch Auftrag* mit der notwendigen Gewährung von Handlungsfreiheit im gesamten Bundesheer ermöglicht.

Ein weiteres Qualitätsmerkmal ist, dass europäische Streitkräfte grundsätzlich alle Führungskräfte mindestens eine Führungsebene über ihrer aktuellen Position ausbilden. Das bedeutet, dass jede Führungskraft die übergeordnete Ebene versteht und berücksichtigt, mitplanen und im Bedarfsfall sofort übernehmen kann.

Von Moltke bezog sein Prinzip der Auftragstaktik damals nur auf sein Offizierskorps. Heute hingegen wird seine Führungsphilosophie weiter gedacht: Das heutige Gefechtsfeld ist schnelllebig, unsicher, mehrdeutig, komplex und vor allem dezentral und man delegiert daher Führungsverantwortung immer weiter nach unten in der Hierarchie.

Ein Beispiel hierfür ist der „strategische Gefreite". Dieser Begriff bezeichnet den niedrigsten Dienstgrad mit Führungsfunktion in einer Armee. Er muss aufgrund der komplexen Gefechtssituation selbständig entscheiden und handeln, seine gefechtstechnischen Entscheidungen und Handlungen können jedoch strategische Auswirkungen auf die Gesamtoperation haben. Beispielsweise kann ein Angriff auf vermeintliche Widerstandskämpfer, die in Wirklichkeit nur zum Selbstschutz bewaffnete Hirten sind, schwerwiegende Folgen für die gesamte Operation haben.

Die Einbeziehung der Absichten der übergeordneten Führungsebene kann eine gute Entscheidungshilfe bei Handlungsalternativen vor Ort sein. *Führen durch Auftrag* ermöglicht es allen Mitarbeitern, innerhalb ihres Handlungsspielraums eine Führungsrolle zu übernehmen. Der ehemalige U-Boot-Kapitän David Marquet beschreibt dies eindrucksvoll in seinem Buch „Turn the ship around". Er transformierte seine U-Boot-Besatzung von einem Leader-

Follower zu einem Leader-Leader-Modell, basierend auf den vier Säulen[13] „Control, Competence, Clarity und Courage". Sein Ansatz ähnelt stark der Auftragstaktik von Moltkes.

8.1.2 Ableitungen für eine vernetzte Organisation

Die Führungsfunktion in allen Organisationen basiert auf einer klaren Verantwortungsübernahme im Rahmen einer entsprechenden Führungskultur. Organisationen sollten daher viel in die Auswahl und Entwicklung ihrer Führungskräfte auf allen Ebenen investieren und ihnen frühzeitig Verantwortung übertragen und abverlangen, damit sie in der Praxis lernen können. Die verschiedenen Rollen der Führungsfunktion müssen für die eigene Organisation definiert, bewusst gemacht, eingefordert und auch evaluiert werden, um eine kontinuierliche Verbesserung zu ermöglichen. Die Führungskraft [14] muss in der Lage sein, mit der Herausforderung des *Führens durch Auftrag* umzugehen; die Fähigkeit und der Wille zur Übernahme von Verantwortung müssen so früh wie möglich gefordert und gefördert werden.

Die regelmäßige und transparente Kommunikation mit der übergeordneten Ebene, den Peers und den Mitarbeitern ist als Kernaufgabe zu sehen und Voraussetzung für gegenseitiges Vertrauen. Grundsätzlich sollten Stellvertreter benannt werden, die die Führungskraft im Bedarfsfall vertreten bzw. deren Aufgaben temporär übernehmen können, was nicht überall gelebte Praxis ist.

Auch wenn sich viele Unternehmen eine mit dem Militär vergleichbare Ausbildung nicht leisten können oder wollen, gibt es zahlreiche Möglichkeiten, die Führungsfähigkeit und -qualität zu verbessern. Neben strukturierten Managementprogrammen sind hier als Optionen beispielhaft die Übertragung von (Teil-)Verantwortung in Projekten oder das Verstehen von Zusammenhängen durch Informationsveranstaltungen, Job-Rotationen oder abteilungsübergreifende Workshops/Projekte zu nennen. Wesentlich ist dabei, dass diese Elemente von erfahrenen und geeigneten Personen begleitet werden und das generierte Wissen und die Erfahrungen gesichert und in das Team transferiert werden. Ein regelmäßiger Feedbackprozess

13 https://robertgreiner.com/leader-leader/

14 Die Bezeichnung Führungskraft muss weitergedacht werden als die formelle Führungsposition. Alle Mitarbeiter mit entsprechendem Handlungsspielraum müssen die Fähigkeit und den Willen aufweisen.

zur Leistung sollte nicht nur die Ziele und deren Erreichung, sondern auch die Führungsleistung umfassen. Ziel einer „vernetzten" Organisation muss es sein, dass jede Person als Führungskraft innerhalb ihres Handlungsspielraums und im Sinne der Organisation agiert.
Ein Beispiel aus der Praxis: Als ich an einem Führungskräfteseminar mit erfahrenen Managern teilnahm, ging es darum, Führungsherausforderungen für sich selbst zu identifizieren und gemeinsam Lösungsansätze zu erarbeiten. Überraschenderweise hatten fast zwei Drittel der teilnehmenden Führungskräfte Probleme beim Delegieren. Als Gründe wurden häufig genannt: „Die verstehen nicht, was ich will", „Die fragen zu viel, das kann ich selbst schneller machen" oder „Das Ergebnis erfüllt nicht den Zweck". Das sind für mich alles Indizien dafür, dass nicht richtig delegiert wird. Gerade mit dem Schema der *Führung durch Auftrag* kann ich klare Aufgaben erteilen (WAS), den Zweck und den Kontext kommunizieren (WARUM) und Freiraum in der Zielerreichung geben. Nur wenn diese Voraussetzungen gegeben sind, kann ich die intellektuellen und personellen Ressourcen meines Teams voll ausschöpfen. Gerade für Führungskräfte ist es wichtig, richtig zu delegieren, um sich den nötigen Handlungsspielraum zu schaffen, um am „System" zu arbeiten und nicht ständig im "Daily Business" gefangen zu sein.

Leitfragen zur Reflexion

- Lebt ihr eher Leader-Leader oder Leader-Follower?
- Kennst du die Absicht deines Chefs und berücksichtigst du sie in deiner Arbeit?
- Gibt es ein umfassendes Führungskräfteprogramm in deiner Organisation?
- Hast du einen Stellvertreter bzw. hat deine Führungskraft einen? Ist diese Funktion auch offiziell kommuniziert?
- Könnte er wirklich jederzeit die Führungsaufgaben übernehmen?

Tipps für die praktische Umsetzung im Führungsalltag

- Versuche immer zwei Führungsebenen über dir zu verstehen und eine Ebene über dir mitzudenken.
- Tausche dich regelmäßig mit deinem Stellvertreter aus, damit er alle relevanten Informationen hat.
- Gib potenziellen Führungskräften oder motivierten Mitarbeitern die Möglichkeit, Führung im Rahmen von Projekten oder Aufgaben zu lernen.
- Nutze die Möglichkeit des Coachings und Feedbacks, um dich selbst weiterzuentwickeln.

8.2 Befähige deine Mitarbeiter

Als personenzentrierte Führungsphilosophie ist *Führen durch Auftrag* in hohem Maße von qualifiziertem und motiviertem Personal abhängig. Im Folgenden wird dargestellt, wie die Streitkräfte sicherstellen, dass die erforderlichen Fähigkeiten in ausreichendem Maße vorhanden sind, und was Organisationen daraus lernen können.

8.2.1 Redundanz und Spezialisierung beim Militär

Bei Streitkräften werden alle Rollen grundsätzlich redundant abgebildet. In einer Infanteriegruppe mit acht Personen gibt es beispielsweise:

- 1 Kommandant
- 1 Stellvertreter
- 2 Maschinengewehrschützen
- 4 Soldaten

Wir sehen also: Die Führungsrolle ist doppelt besetzt und das Maschinengewehr wird von zwei eingeteilten Personen bedient, kann aber von allen im Team eingesetzt werden, wenn notwendig. Damit ist die Gruppe einerseits in der Lage, zwei eigenständige Teams zu bilden, andererseits können Aufgaben je nach Bedarf von anderen innerhalb der Gruppe übernommen werden. Die Personen haben vielleicht nicht die gleiche Qualität oder Erfahrung, aber die grundsätzlichen Anforderungen können erfüllt werden.

8.2.2 Ableitungen für eine vernetzte Organisation

Auch in Organisationen geht der Trend zu einer breiteren Qualifikation der Mitarbeiter. War vor einigen Jahren noch die Spezialisierung an der Tagesordnung (I-Profil), so ist heute das T-Profil als Standard anzusehen. Dies bedeutet, dass die Person über ein allgemeines Wissen mit geringer Tiefe und eine Spezialisierung mit hoher Wissenstiefe verfügt. Die nächste Entwicklung wird ein E-förmiges Profil sein, bei dem zu einer bestehenden Spezialisierung eine oder zwei weitere Spezialisierungen hinzukommen, die aber nicht so stark ausgeprägt sind.

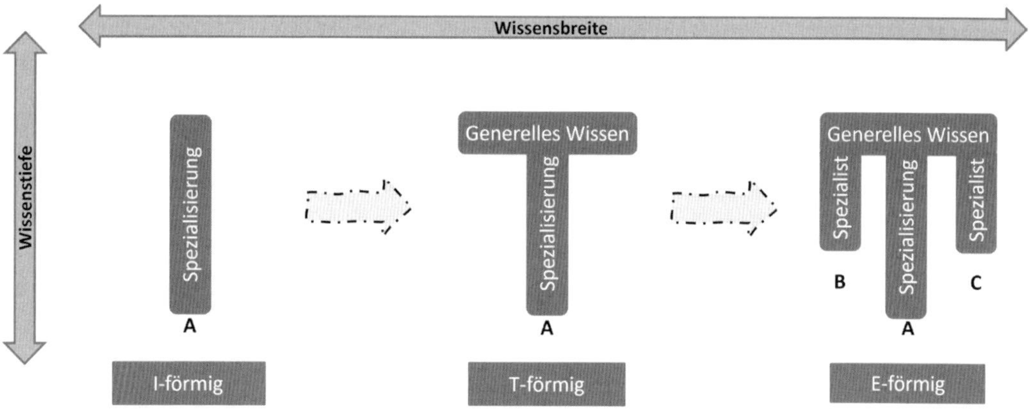

Evolution des Personalprofils

Nehmen wir als Beispiel ein Softwareentwicklungsteam. Wenn in einem vierköpfigen Entwicklungsteam nur ein Entwickler pro Programmiersprache zur Verfügung steht, kann der Ausfall einer Person (z.B. durch Krankheit) das Projekt erheblich verzögern. Wenn jedoch jede Person eine hohe Spezialisierung in einer Entwicklungssprache und mittlere Fähigkeiten in einer oder zwei anderen Sprachen hat, kann das Projekt fortgesetzt werden.
Je breiter ein Team mit unterschiedlichen Fähigkeiten ausgestattet ist, desto mehr Vielfalt steht ihm zur Verfügung, um ein dynamisches Umfeld zu bewältigen.

Leitfragen zur Reflexion
- Wie wird Learning und Development in eurem Bereich gelebt?
- Wird Weiterentwicklung aktiv gefördert und vorgelebt?
- Wird Weiterentwicklung eher zur Vertiefung oder zur Verbreiterung des Wissens/der Fähigkeiten genutzt?

Tipps für die praktische Umsetzung
- Was sind deine persönlichen Ziele, was ist dein persönlicher Purpose?
  - Wo möchtest du dich verbessern?
  - Was möchtest du lernen?
  - Was möchtest du erreichen?
- Wen brauchst du, um deine Ziele zu verwirklichen?
- Wer könnte dein Mentor sein?
- Erstelle aus der Beantwortung der oben angeführten Fragen einen Plan für deine Entwicklung, wie z. B.:
  - Training on the Job, Job Shadowing
  - Teilnahme oder Vortragen auf Konferenzen, Workshops ...
  - Formales Training
- Wie sollen sich deine Mitarbeiter entwickeln?
- Kannst du jemandem ein Mentor sein?

Nutze auch Weiterbildungen in anderen Bereichen, die für dich neu sind. Eine der interessantesten Weiterbildungen für mich war z. B. ein Online-Kurs über Architektur, der mir viele Ideen zu Strukturen und Prinzipien für meine Arbeit gegeben hat.

9 DEZENTRALE UMSETZUNG EINER ZENTRALEN IDEE

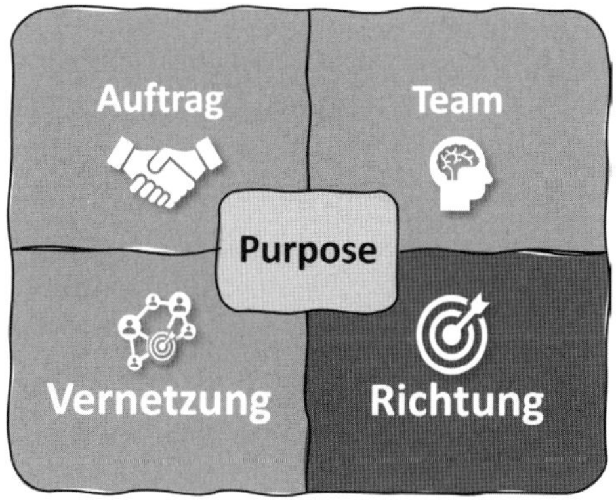

Richtung und Klarheit sind wesentliche Merkmale einer erfolgreichen Unternehmensführung. In diesem Kapitel geht es darum, wie du im Team Klarheit schaffst, einerseits durch ein klares Ziel, das alle Beteiligten kennen, und andererseits durch gemeinsame Denkstrukturen, die es ermöglichen, dieses Ziel in einer gemeinsamen Richtung zu erreichen.

9.1 Klares Ziel und Zieletransformation

Das erste Element in der Struktur von *Führen durch Auftrag* ist das WARUM - die aktuelle Situation und die Absicht der übergeordneten Ebene. Das bedeutet, dass wir zunächst herausfinden müssen, was die Ziele der Organisation sind, zu denen wir einen Beitrag leisten sollen. Ausgehend von einem klar formulierten Zielbild auf strategischer Ebene, sei es eine Mission, Vision oder Strategie, gilt es daher, das langfristige Zielbild in Teilziele zu zerlegen. Dabei werden die Ziele kaskadenförmig transformiert, wobei jede Ebene von der Intention der übergeordneten Ebene geleitet wird, so dass alle Teilziele zum übergeordneten Organisationsziel beitragen, aber die notwendige Anpassung durch Handlungsspielräume in der Umsetzung gewährleistet ist (Siehe Abbildung hier unten).

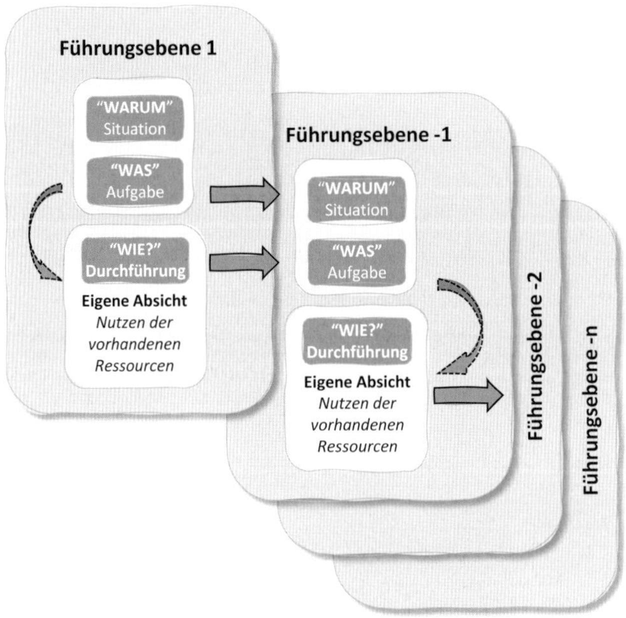

Transformation der Ziele über die verschiedenen Führungsebenen unter Gewährleistung der Handlungsfreiheit in der Umsetzung (jeweilige eigene Absicht der verantwortlichen Führungskraft).

Dabei sind die Teilziele im Vergleich zur übergeordneten Ebene zeitlich unmittelbarer und der Handlungsspielraum wird naturgemäß kleiner. Dieses Prinzip ist in der obigen Abbildung anhand der ersten vier Ebenen einer fiktiven Organisation grafisch dargestellt. Es funktioniert aber auch innerhalb einer Abteilung oder eines Teams. Das zentrale Ziel der Organisation wird auf die jeweiligen Führungsebenen in Zwischenziele (aus Sicht der Organisation) heruntergebrochen. Bei der Umsetzung des Ziels besteht grundsätzlich Handlungsspielraum. Als organisationsweites Instrument kann das bereits beschriebene Entscheidungsverfahren eingesetzt werden.

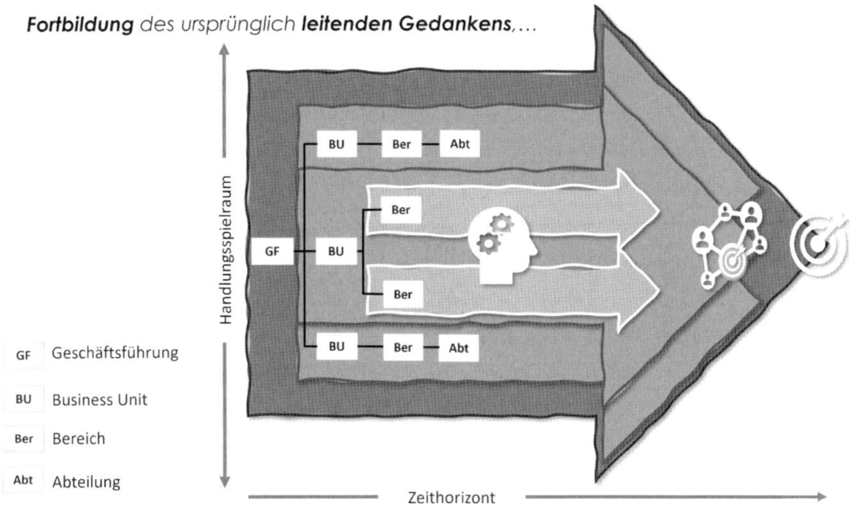

Schematische Transformation und das Zusammenwirken von Organisationszielen und Teilzielen.

Wird *Führen durch Auftrag* in der gesamten Organisation angewendet, sind sowohl das Ziel der jeweils übergeordneten Führungsebene als auch der eigene Handlungsspielraum und die Aufgaben der anderen Teams klar. Die Kenntnis der übergeordneten Ziele schafft eine bessere Identifikation mit dem Gesamtziel. Das Wissen darüber, was die anderen Elemente tun, ermöglicht eine Abstimmung mit ihnen und damit das Erkennen von Lücken, das Vermeiden unnötiger Redundanzen und unterstützt schnelle, dezentrale Entscheidungen und Anpassungen in einem agilen Umfeld. Die folgende Abbildung zeigt beispielhaft, wie zwei Bereiche eigenständig und schnell auf Hindernisse oder veränderte Rahmenbedingungen reagieren können. Dabei ist es unerheblich, ob es sich um die oberste Führungsebene oder um einzelne Mitarbeiter im Team handelt, das Prinzip und das Ergebnis bleiben gleich.

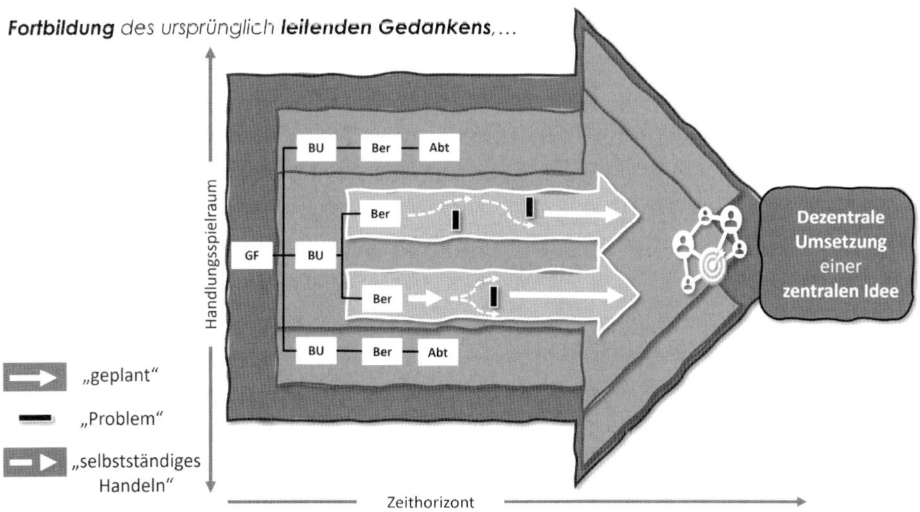

Selbstständige, dezentrale Umsetzung einer zentralen Idee, entsprechend der Situation.

Wird diese Zieltransformation in der Organisation konsequent umgesetzt, ist sie in der Lage, eine zentrale Idee dezentral und autonom umzusetzen, ganz im Sinne von Moltkes „Fortbildung des ursprünglich leitenden Gedankens, entsprechend den stets sich ändernden Verhältnissen".

Ziel der Organisation muss es daher sein, eine Mission oder Vision in eine konkrete Strategie zur Zielerreichung umzusetzen. Dies bedeutet eine Transformation des Organisationsziels in Ziele für die Geschäftseinheiten und Supportbereiche, die wiederum Ziele für die jeweiligen Bereiche/Abteilungen/Teams formulieren müssen. Diese Transformationsleistung ist eine der wesentlichen Aufgaben der Führungskraft und muss einerseits gefordert, andererseits aber auch unterstützt werden.

Die hier beschriebene Transformation wird natürlich nicht immer in dieser Konsequenz und Durchgängigkeit in allen Organisationen gelebt und ist auch keine zwingende Voraussetzung. Ich habe in Organisationen Ziele erlebt, die von der Vorstandsebene bis zur Mitarbeiterebene unverändert weitergegeben wurden. Wenn dies geschieht, sind entweder die Vorstandsziele zu detailliert oder die Führungsaufgabe der einzelnen Führungskräfte, nämlich die Zieltransformation, wird nicht wahrgenommen. Dies ist aber kein Grund, sich aus der Verantwortung zu stehlen, sondern vielmehr ein Zeichen dafür, ein klares WARUM einzufordern und hier in die Diskussion mit der übergeordneten Führungskraft über deren Absichten einzutreten.

Kommt diese Vorgabe oder Information nicht, ist es deine Aufgabe als Führungskraft, das WARUM als langfristiges Ziel zumindest für deinen eigenen Verantwortungsbereich zu definieren. Am besten tust du dies gemeinsam mit deinem Team, um einerseits alle Potenziale auszuschöpfen und andererseits die Akzeptanz zu erhöhen.

Diese Idee der Transformation von Organisationszielen geht in eine sehr ähnliche Richtung wie das Konzept der „Objectives and Key Results" (OKR)[15], das sich in der Geschäftswelt allmählich durchsetzt. Diese von Google propagierte Methode der Zielfindung ermöglicht es ebenfalls, die Ziele der einzelnen Teams mit denen der Gesamtorganisation zu verknüpfen.

15 Mehr zu OKRs unter https://onstrategyhq.com/okr/

Leitfragen zur Reflexion
- Was ist die Vision/Mission/der Purpose deiner Organisation?
  - Wird diese(r) aktiv gelebt?
  - Woran erkennst du das?
- Was sind die strategischen Ziele für das laufende Geschäftsjahr?
- Was sind die Ziele deiner unmittelbar übergeordneten Führungsebene?
- Sind deine Ziele von deiner Führungskraft für dich transformiert oder direkt ohne Änderung an dich weitergegeben?
- Kennst du die Ziele deiner Kollegen?
- Wandelst du deine Ziele in Teilziele für deine Mitarbeiter um?
- Leisten die Ziele deiner/deines Teams einen (in)direkten Beitrag zu den Organisationszielen?
- Sind die Ziele für alle Mitarbeiter deines Teams transparent verfügbar und ermöglichen somit eine Selbstorganisation?
- Gibt es ein System, wie Ziele entwickelt und definiert werden, um eine Durchgängigkeit in der Organisation zu ermöglichen?

Tipps für die praktische Umsetzung
- Evaluiere deine Ziele und schau, ob damit die wichtigsten Ziele deines Chefs unterstützt werden.
- Stelle deine Ziele in Verbindung mit denen deiner Kollegen und überlege, wo ihr euch gegenseitig unterstützen könnt bzw. wo ihr in eine gegenläufige Richtung unterwegs seid.

9.2 Prinzipien als Leitplanken (für dein Team)

Es ist deutlich geworden, wie wichtig es ist, dass die Ziele der Teams eine Ableitung aus den Zielen der Organisation sind und diese unterstützen. Um diese Transformation zu unterstützen und im Sinne der Organisation zu gestalten, hilft der bereits beschriebene Entscheidungsprozess, der immer die Intention der übergeordneten Ebene mit einbezieht. Ein zweites Element, um die notwendige Dynamik in eine gemeinsame Richtung zu lenken, ist die Definition von Prinzipien und Grundsätzen. Diese beiden Elemente dienen quasi als Leitplanken der Organisation beim Führen durch Auftrag.

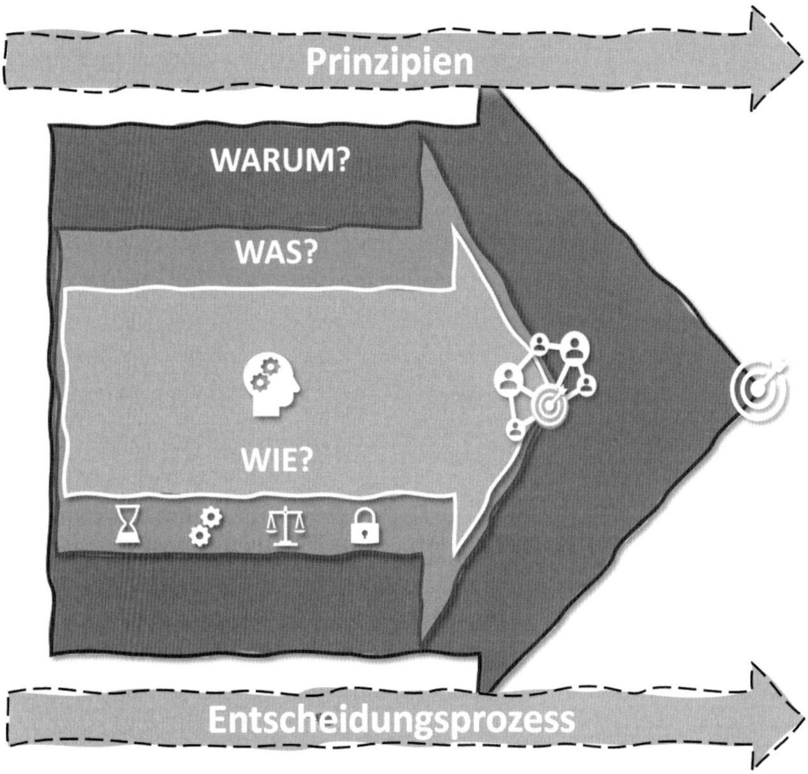

Prinzipien und Entscheidungsprozess als Unterstützung der Organisationsinteressen

Werte können als oberste normative Prinzipien einer Organisation angesehen werden. Sie geben Orientierung, wie die Ziele der Organisation erreicht werden sollen. Zur Veranschaulichung betrachten wir vier grundsätzlich unterschiedliche Organisationen und ihre Werte. In der Grafik sehen wir die Werte des Bundesheeres, der Raiffeisen Bank International (RBI), des Roten Kreuzes und von Porsche. Diese geben einen schnellen Einblick, was der Organisation wichtig ist und wie sie glaubt, langfristig erfolgreich zu sein. Ohne auf die Werte selbst einzugehen, sind diese beim Militär sehr konservativ, bei der RBI steht die Übernahme von Verantwortung im Vordergrund, beim Roten Kreuz ist es die „Objektivität" und bei Porsche kann man die „Leidenschaft" förmlich spüren.

Österreichisches Bundesheer	Raiffeisen Bank International	Rotes Kreuz	Porsche
Pflicht- und Auftragserfüllung	Collaboration	Menschlichkeit	Herzblut
Rechtsgehorsam	Learning	Unparteilichkeit	Pioniergeist
Respekt und Disziplin	Proactivity	Neutralität	Sportlichkeit
Selbstlosigkeit und Mut	Responsibility	Unabhängigkeit	Eine Familie
Kameradschaft		Freiwilligkeit	
Loyalität und Integrität		Einheit und Universalität	

Werte sind also ein wesentliches Element der Unternehmenskultur und geben einen groben Rahmen vor, sind aber auch eher abstrakt als konkret. Wichtig ist natürlich, dass die Werte deiner Organisation auch im Alltag gelebt werden und nicht nur schöne Worte in einer Unternehmenspräsentation sind.

Die nächste Ebene nach den Werten sind die Grundsätze und Leitlinien, die schon etwas konkreter werden. Um den bereits beschriebenen Entscheidungsprozess zu unterstützen, gibt es im Bundesheer 13 Führungsgrundsätze[16]. Dabei handelt es sich um allgemeine, aus Theorie und Praxis entwickelte Leitlinien für die Truppenführung, die ursprünglich auf Carl von Clausewitz zurückgehen. Sie dienen im Führungsalltag als Prinzipien, um Optionen zu erarbeiten, zu vergleichen und Entscheidungen zu treffen. Sie können quasi als Checkliste zur Beurteilung von Führungshandlungen oder Handlungsoptionen betrachtet werden.

9.2.1 Führungsgrundsätze für *Führen durch Auftrag*

Die nachfolgenden, vom Militär adaptierten, Führungsgrundsätze können dich bei der Umsetzung von *Führen durch Auftrag* in jeder Organisation unterstützen.

1. ***Kommuniziere immer ein klares Ziel – Wozu machen wir das?***
   Dein langfristiges Ziel muss klar formuliert und kommuniziert werden und drückt damit die wesentliche Leistung (Purpose) für den Erfolg aus.
2. ***Definiere klare Verantwortlichkeiten – Wer kann entscheiden?***
   Jeder muss wissen, wer letztendlich für eine Aufgabe, einen Bereich oder für Personal verantwortlich ist, damit er auch die entsprechende Handlungs- und Entscheidungsfreiheit hat. Diese Verantwortung kann nicht delegiert werden, wohl aber einzelne Aufgaben und deren Umsetzung. Die Einhaltung dieses Prinzips ist wesentlich, wenn unterschiedliche Ressourcen erfolgreich koordiniert werden sollen. Dies gilt insbesondere dann, wenn nicht alles nach Plan läuft und Entscheidungen nicht im Konsens getroffen werden können.
3. ***Ergreife die Initiative – Angriff ist die beste Verteidigung***
   Nutze deine Handlungsspielräume aktiv und bewahre so deine Handlungsfreiheit. Meist ist es besser, selbst zu agieren und damit das Gegenüber zum Reagieren zu bewegen, als nur auf das Handeln des anderen zu reagieren und dadurch zu Entscheidungen gezwungen zu werden.
4. ***Priorisiere – Wer alles schützt, schützt nichts***
   Konzentriere deine (meist begrenzten) Ressourcen auf die wichtigsten Aufgaben/Projekte/Aktivitäten, die dir helfen, dein (klares) Ziel zu erreichen. Orientiere dich bei deinen Entscheidungen immer an der wesentlichen Leistung. Damit verbunden ist auch die Entscheidung, welche Dinge man nicht macht.
5. ***Kooperiere mit anderen – Gemeinsam sind wir mehr***
   Biete deine Kernkompetenzen anderen Bereichen (intern) oder Partnern (extern) an

16 Die konkreten Führungsgrundsätze des Bundesheeres sind im Anhang dargestellt.

und nutze deren Stärken, um deine Möglichkeiten zu erweitern und die Erfolgswahrscheinlichkeit zu erhöhen. Kooperation ist langfristig oft besser als offener Wettbewerb bzw. Konfrontation.

6. ***Haushalte mit deinen Kräften – Morgen ist auch noch ein Tag***
   Setze deine Teams entsprechend ihren Stärken und Fähigkeiten ein. Vermeide unnötigen Verschleiß und Demotivation.
7. ***Bewahre dir Geistige Reserven – Spiele nicht alle deine Karten auf einmal aus***
   Es muss immer eine Möglichkeit bestehen, auf unvorhergesehene Umstände reagieren zu können. Führungskräfte sollten nicht alle Kräfte zu 100% verplanen und stets wissen, wie sie ihre Kräfte bei Bedarf konzentrieren können. Möglichkeiten für stille Reserven sind z. B. Mitarbeiter, die sich fortbilden, Projekte mit niedriger Priorität oder nicht wertschöpfende Tätigkeiten, die kurzfristig eingesetzt werden können.
8. ***Bleib beweglich – Sei flexibel in der Zielerreichung***
   Berücksichtige mögliche Risiken, plane Alternativen und sei bereit, schnell von deinem Plan abzuweichen, wenn es nötig ist, um dein Ziel zu erreichen. Handle schneller als dein Gegenüber und versuche gedanklich immer einen Schritt voraus zu sein.
9. ***Einfachheit – Nur das Einfache hat Aussicht auf Erfolg***
   Plane und kommuniziere so geradlinig, unkompliziert und verständlich wie möglich.
10. ***Sei kreativ und innovativ – Think outside the box***
    Nutze deine Kreativität und überrasche deine (internen) Kunden positiv. Innovation kann ein ungünstiges Kräfteverhältnis mit deinen Mitbewerbern ausgleichen.
11. ***Kommuniziere – Communication is key***
    Sprich dich regelmäßig mit deinen Key Playern über die aktuelle Situation und über Probleme bei der Zielerreichung ab. Die Häufigkeit hängt davon ab, wie häufig sich Veränderungen in deinem Umfeld ergeben. Hol dir regelmäßig Feedback von relevanten Personen und Teams ein und sei offen für Neues und auch Unangenehmes. Nur so kannst du dich weiterentwickeln.
12. ***Security – Schütze, was dir wichtig ist***
    Bewerte die für dich kritischen Fähigkeiten und schütze diese entsprechend. Achte jedoch darauf, nicht nur einzelne Assets zu schützen, sondern die Aufrechterhaltung deiner Fähigkeiten sicherzustellen und geeignete Maßnahmen zu haben, um den Betrieb aufrechtzuerhalten, wenn einzelne Assets ausfallen.
13. ***Informationsvorsprung – Know what you need to know***
    Mache dir bewusst, welche Informationen du benötigst und stelle sicher, dass du diese in der notwendigen Aktualität zur Verfügung hast, um einen Wissensvorsprung zu haben.

Führungsgrundsätze

1. **Kommuniziere immer ein klares Ziel** – Wozu machen wir das?
2. **Definiere klare Verantwortlichkeiten** – Wer kann entscheiden?
3. **Ergreife die Initiative** – Angriff ist die beste Verteidigung
4. **Priorisiere** – Wer alles schützt, schützt nichts
5. **Kooperiere mit anderen** – Gemeinsam sind wir mehr
6. **Haushalte mit deinen Kräften** – Morgen ist auch noch ein Tag
7. **Bewahre dir geistige Reserven** – Spiele nicht alle deine Karten auf einmal aus
8. **Bleib beweglich** – Sei flexibel in der Zielerreichung
9. **Einfachheit** – Nur das Einfache hat Aussicht auf Erfolg
10. **Sei kreativ und innovativ** – Think outside the box
11. **Kommuniziere** – Communication is key
12. **Security** – Schütze, was dir wichtig ist
13. **Informationsvorsprung** – Know what you need to know

Die dargestellten Führungsgrundsätze sind nahezu uneingeschränkt in jeder Organisation anwendbar und ermöglichen die systematische Erarbeitung und Bewertung alternativer Handlungsoptionen. Eine unternehmensweite Anwendung fördert die Transparenz und Konsistenz von Entscheidungen. Zusätzlich zu den allgemeinen Führungsgrundsätzen können für bestimmte Bereiche eigene Grundsätze entwickelt werden.

9.2.2 Praktisches Beispiel für das Anwenden und den Nutzen der Führungsgrundsätze

Im Folgenden möchte ich anhand eines konkreten Beispiels darstellen, wie mir die Führungsgrundsätze geholfen haben, die Risiken eines laufenden Projektes in der Privatwirtschaft zu erkennen und zu bewerten.
Da die ursprüngliche Projektleiterin aus privaten Gründen das Projekt nicht weiterführen konnte, bin ich quasi „über Nacht" als Projektleiter eingesprungen, um ein laufendes Prestigeprojekt zu übernehmen. Zusammenfassend lässt sich das Projekt wie folgt beschreiben: Ziel des Projektes war es, ein neues Produkt in einem bestehenden, aber von der Organisation noch nicht erschlossenen Markt zu schaffen, um dieses als Basis für die Kundengenerierung für einen Markteintritt zu nutzen. All das sollte gemeinsam mit einem bestehenden Kunden als Partner realisiert werden. Wir werden im Verlauf des Beispiels sehen, dass diese Beschreibung im Projektverlauf nicht immer für alle Stakeholder so klar war bzw. von allen so kommuniziert wurde.

- ***Kommuniziere immer ein klares Ziel* – *Wozu machen wir das?***

In unserem Projekt war das offizielle Hauptziel die Entwicklung des Produkts. Es gab unausgesprochene und versteckte Ziele, wie z. B. die potenzielle Zusammenarbeit mit einem großen Kunden als Partner und der Markteintritt mit einer regulären Geschäftstätigkeit.

Für das Projektteam bedeutete dies, dass die wesentliche Leistung nicht klar definiert war. Dies führte zu Problemen mit dem Produkt, da es einen Unterschied macht, ob das Produkt allein profitabel sein muss oder ob es ein leicht negatives Ergebnis erzielen darf, weil das eigentliche Ziel die Endkundenakquise ist und die Maßnahme insgesamt trotzdem günstiger ist als reguläres Marketing. Außerdem wurde das Produkt aufgrund der Umstände informell auf einen bestimmten Kunden spezifiziert, was die Nutzung in Verbindung mit anderen Kunden und Märkten stark erschwerte.

- ***Definiere klare Verantwortlichkeiten** – Wer kann entscheiden?*

In unserem Projekt waren die Verantwortlichkeiten für das Prestigeprojekt nicht geregelt. Mehrere Vorstandsbereiche waren betroffen und hatten eigene Interessen, aber niemand wollte oder konnte die notwendigen Entscheidungen für das Projektteam treffen. So vergingen einige Monate, das Projekt lief in verschiedene, unklare Richtungen und Budget und Ressourcen konnten nicht zielgerichtet eingesetzt werden. Erst nach langem Drängen und klarer Aufforderung an das Vorstandsteam wurde ein Vorstand als verantwortlich und entscheidungsbefugt ernannt. Schon im ersten Meeting nach dieser Entscheidung konnten die für das Projektteam notwendigen Beschlüsse gefasst werden.

- ***Ergreife die Initiative** – Angriff ist die beste Verteidigung*

In unserem Projekt war der potentielle Kunde nach anfänglicher Euphorie (auch aufgrund interner Umstrukturierungen) beim Kunden sehr zurückhaltend mit Informationen und Feedback. Monatelang wurde auf ein Commitment des Kunden gedrängt und gewartet. Leider erfolglos und auch seitens des Managements wurde lange Zeit keine Entscheidung getroffen, ob man das Ziel mit dem Kunden weiterverfolgen wollte. Da sich das Projektteam des Risikos bewusst war, wurde die Entwicklung eigenständig in eine Richtung getrieben, die es ermöglichte, das Produkt auch für andere Kunden nutzbar zu machen, um die Investition sinnvoll zu nutzen. Dies führte dazu, dass das Vorstandsteam das Produkt später auch anderen Kunden anbieten konnte.

- ***Priorisiere** – Wer alles schützt, schützt nichts*

In unserem Projekt haben wir uns zunächst auf das Produkt konzentriert, da dies das erklärte Projektziel war. Während in der Sondierungsphase ein reger Austausch mit dem Kunden stattfand, wurden mit zunehmender Passivität des Kunden die Vorgaben des Managements immer umfangreicher und mit den zur Verfügung stehenden Mitteln nicht sinnvoll umsetzbar. Um zu priorisieren, haben wir versucht, wie bereits erwähnt, klare Ziele zu definieren und diese in eine zeitliche Abfolge zu bringen, um phasenweise die Prioritäten richtig setzen zu können. Wir sehen also: Priorisierung ist wichtig, aber sie braucht ein klares Ziel, um wirksam zu sein.

- ***Kooperiere mit anderen** – Gemeinsam sind wir mehr*

In unserem Projekt wurde Kooperation definitiv gut berücksichtigt. Um die im Regelbetrieb sinnvollen, aber starren Prozesse innerhalb der Organisation bei der Entwicklung neuer Produkte zu umgehen, wurde mit einem externen IT-Partner kooperiert. Durch ein breit aufgestelltes Projektteam wurde sichergestellt, dass die Entwicklung grundsätzlich mit geringen Einschränkungen durch die bestehende Organisation erfolgte, gleichzeitig aber so koordiniert wurde, dass das Produkt zu einem späteren Zeitpunkt wieder in die Organisation integriert werden konnte.

- ***Haushalte mit deinen Kräften*** – *Morgen ist auch noch ein Tag*

In der übergeordneten Abteilung der Projektorganisation waren Projekte und Großaufgaben an der Tagesordnung. Ständig wurden neue Projektideen geboren, Varianten geplant, verworfen und neu bewertet. Dass selbst am Freitagabend und am Wochenende gearbeitet wurde, veranschaulichte die Relevanz und die Motivation. Auf die Frage, an welchen Themen gerade gearbeitet wurde und wer wofür zuständig war, gab es, wenn überhaupt, unterschiedliche Antworten. Zusammenfassend kann man sagen, dass alle hochmotiviert waren, aber unter Dauerstress standen und sich niemand die Zeit nahm, darüber nachzudenken, ob wir das Richtige tun oder was überhaupt das Richtige für den Bereich wäre. Erst als die Stimmung zu kippen drohte, wurde gemeinsam mit der Führungskraft und externer Unterstützung ein Zielbild mit klaren Verantwortlichkeiten und Aufgaben erarbeitet. Erst dann wurde klar, dass einige Personen mit ihren Aufgaben völlig überlastet waren, während andere ihre Zeit mit sinnlosen Tätigkeiten vergeudeten, die für das Team keine Relevanz hatten.

- ***Bewahre dir geistige Reserven*** – *Spiele nicht alle deine Karten auf einmal aus*

Reserven bilden ist in Zeiten von Lean Management & Co. ein absolutes Unwort. Jede Minute muss minutiös geplant werden. Das ist betriebswirtschaftlich natürlich richtig, aber im Leben kommt eben nicht alles so, wie man es plant. Um Reserven im Projekt zu haben, haben wir unsere Ressourcen nur zu rund 80 Prozent fix verplant und bei Engpässen auch Prioritäten definiert. Dadurch konnten wir selbstständig auf gewisse Veränderungen reagieren und mussten nicht immer die Geschäftsleitung um Unterstützung bitten.

- ***Bleib beweglich*** – *Sei flexibel in der Zielerreichung*

Wie eingangs erwähnt, haben wir im Projektteam zwei Hauptrisiken identifiziert: Zum einen, dass der Kunde kein Interesse am Produkt hat und zum zweiten, dass wir doch keinen Markteintritt mit regulärer Geschäftstätigkeit verfolgen. Um diese Risiken zu minimieren, haben wir das Produkt so weiterentwickelt, dass es auch bei anderen Kunden integrierbar ist und Gespräche mit potenziellen Partnern in unseren bestehenden Kernmärkten geführt.

- ***Einfachheit*** – *Nur das Einfache hat Aussicht auf Erfolg*

Bei den Präsentationen im Projekt wurden immer wieder bis zu 100 Seiten lange, völlig überladene Powerpoint-Präsentationen mit unnötigen Details für die Vorstandsebene produziert. In den Meetings wurde dann z. B. diskutiert, ob der Onboarding-Prozess für den Prototypen vier oder sechs Minuten dauern sollte. Dass der Kunde zu diesem Zeitpunkt noch nicht zugesagt hatte, wurde nicht diskutiert. Erst nachdem wir die Meetings und die Präsentationsstruktur geändert und die Key Takeaways mit den notwendigen Entscheidungen vorangestellt hatten, wurden die Diskussionen auf das Wesentliche gelenkt und entsprechend geführt.

- ***Sei kreativ und innovativ*** – *Think outside the box*

Das Projekt zeichnete sich durch Kreativität und Innovation aus. Um einen guten Eindruck vom Endkunden zu bekommen, wurde sogar ein Mitarbeiter des Projektteams für eine Woche als Aushilfskraft beim Kunden angestellt, um die Situation, die Prozesse und die Pain Points zu verstehen.

- ***Kommuniziere*** – ***Communication is key***

Die Kommunikation innerhalb des Projektes war relativ gut organisiert und ausreichend. Was uns auffiel, war, dass die eigentlichen Entscheidungsträger nur in längeren, unregelmäßigen Abständen informiert und dann mit Details überhäuft wurden. Hier haben wir versucht, die relevanten Stakeholder früher und häufiger zu informieren, um ihnen ein Gesamtbild zu vermitteln und bei kritischen Entscheidungen schneller agieren zu können.

- ***Security*** – Schütze, was dir wichtig ist

Das Projekt war aufgrund der Sensibilität des Auftraggebers und eines möglichen Markteintritts einer starken Geheimhaltung unterworfen. Dies führte dazu, dass der Deckmantel „geheim“ unreflektiert über alles gestülpt wurde und so wesentliche Informationen nicht mit den richtigen Stellen ausgetauscht wurden, Gerüchte entstanden, Verzögerungen und Hindernisse auftraten. Nach sorgfältiger Beurteilung der Schutzziele wurde das Projekt wie ein normales Projekt behandelt, nur der Name des Kunden und der Markt wurden nicht genannt, was die Arbeit erheblich erleichterte, ohne das Sicherheitsrisiko zu erhöhen.

- ***Informationsvorsprung*** – Know what you need to know

Zu Beginn war die mögliche Zusammenarbeit mit einem großen Kunden im Rahmen einer potentiellen Partnerschaft die treibende Kraft für das Projekt. Daher stand dieser Kunde im Mittelpunkt der Überlegungen. Mit dem externen IT-Dienstleister und Berater als Partner im Hintergrund, mit dem wir kooperierten, wurde dann ein möglicher Markteintritt für ein eigenständiges Produkt interessant. Und während über den Endkunden fast alles in Erfahrung gebracht wurde, um das Produkt zu entwickeln und zu bepreisen, wurde das Marktpotenzial relativ stiefmütterlich behandelt. Erst nach einer Analyse durch die Strategieabteilung wurde der Markt als unattraktiv bewertet und nur dann als zielführend angesehen, wenn man mit dem ursprünglichen Kunden als Partner direkten Zugang zu einer großen Anzahl seiner Kunden hätte erreichen können. Wäre diese Information früher verfügbar gewesen, hätte man entweder ein Commitment des Partners eingefordert oder den Markt viel früher als unattraktiv eingestuft und andere Märkte ausgewählt.

Alles in allem ist man im Nachhinein immer schlauer. Die beschriebenen Prozesse sollen nicht als Kritik am Projektteam oder am Management verstanden werden. Ganz im Gegenteil! Sie sollen verdeutlichen, wie uns die Berücksichtigung einiger weniger Managementprinzipien bei der Bewertung und Steuerung des Projektes geholfen hat, Schwachstellen zu erkennen und Risiken zu minimieren.

9.2.3 Allgemeine Grundsätze

Zu einem ähnlichen Ergebnis kommt Kathleen Eisenhardt in ihrem Buch „Simple Rules for a Complex World“, in dem sie aufzeigt, wie erfolgreiche Technologieunternehmen statt komplizierter Rahmenwerke einfache Grundsätze als Leitlinien verwenden. Die Unternehmensziele werden in wenige Prinzipien übersetzt, die es den Mitarbeitern ermöglichen, vor Ort schnelle Entscheidungen im Sinne der Organisation zu treffen. Eine Faustregel für effektive Regeln lautet: Sie müssen spezifisch sein, auf Erfahrung beruhen und von den Anwendern entwickelt und weiterentwickelt werden.

Faszinierende selbstorganisierende Steuerung von Vogelschwärmen

Ein gutes Beispiel für die Macht weniger, aber sinnvoller Prinzipien ist das beeindruckende Naturschauspiel der selbstorganisierten Fortbewegung von Vogelschwärmen. Ihr an sich relativ komplexes Verhalten der Schwarmdynamik lässt sich auf drei Prinzipien reduzieren:

1. Bewege dich in Richtung des Zentrum derer, die du um dich herum siehst (Kohäsion).
2. Bewege dich weg, sobald dir jemand zu nahe kommt (Separation).
3. Bewege dich in etwa dieselbe Richtung wie deine Nachbarn (Koordination).

Durch die Anwendung dieser drei Prinzipien konnten Tausende von Codezeilen in einer Computeranimation ersetzt werden[17]. Vergleicht man die oben genannten Prinzipien mit der *Führen durch Auftrag,* so ergeben sich erstaunliche Parallelen:

- Prinzip 1 entspricht dem Vorgeben der Richtung der Organisation.
- Prinzip 2 entspricht klaren Aufgaben für die einzelnen Personen/Teams.
- Prinzip 3 entspricht der selbstständigen Abstimmung mit den anderen Teams im Sinne der Prinzipien 1 und 2.

17 https://www.forbes.com/sites/benjaminkomlos/2020/04/29/what-leaders-can-learn-from-a-flock-of-birds-about-the-balance-between-leading-and-following/

Google beispielsweise nutzt folgende 10 Grundsätze[18] im Unternehmen:

1. Der Nutzer steht an erster Stelle, alles andere ergibt sich von selbst.
2. Es ist besser, eine Sache so richtig gut zu machen.
3. Schnell ist besser als langsam.
4. Demokratie im Internet funktioniert.
5. Man sitzt nicht immer am Schreibtisch, wenn man eine Antwort benötigt.
6. Man kann Geld verdienen, ohne dabei jemandem zu schaden.
7. Irgendwo gibt es immer noch mehr Informationen.
8. Informationen werden über alle Grenzen hinweg benötigt.
9. Seriosität braucht keinen Anzug.
10. Gut ist nicht gut genug.

Werte und Prinzipien stützen sich gegenseitig. Ein gutes Beispiel hierfür ist das Manifest für agile Softwareentwicklung (Manifesto for Agile Software Development).
In diesem werden 4 agile Werte und 12 agile Prinzipien als Leitfaden für die Programmierer angeführt.
Im Rahmen der COVID-19-Pandemie haben wir eigentlich auch mit Prinzipien gearbeitet: Abstand halten, Hände desinfizieren und Mundschutz tragen. Wären diese Prinzipien noch konsequenter umgesetzt und eingehalten worden, hätten wir uns viele Interessenskonflikte, Pressekonferenzen und Ausnahmeregelungen erspart.
Zusammengefasst kann man sagen, dass in einem dynamischen Umfeld allgemeine, auf die Organisation zugeschnittene Grundsätze wichtiger und wirksamer sind als wortwörtlich festgelegte Handlungsanweisungen. Es ist aber auch wichtig zu erkennen, dass bei Standardprozessen und geringer Dynamik der Rahmenbedingungen klare Verfahrensabläufe durchaus sinnvoll und notwendig sind. Wichtig ist die richtige Mischung aus Stabilität und Dynamik zur Bewältigung der auftretenden Situationen.

18 https://about.google/philosophy/?hl=de

9.2.4 Beispiel aus dem militärischen Alltag

Mein Team war für die Suche nach zur Fahndung ausgeschriebenen Personen im jeweiligen Einsatzraum zuständig. Die Festnahme war grundsätzlich Aufgabe der örtlichen Behörden, aber bei Gefahr im Verzug durften wir die Festnahme auch selbst durchführen. Wir hatten in wochenlanger Arbeit herausgefunden, dass eine prominente Zielperson, die sich nur unregelmäßig im Einsatzraum aufhielt, für ein kurzes Zeitfenster vor Ort sein sollte. Der klare Auftrag lautete, die Zielperson ausfindig zu machen und festzunehmen, falls die Gefahr bestand, dass sie vor dem Eingreifen der örtlichen Behörden entkommen könnte. Wir wussten, dass die Zielperson, wenn auch illegal, bewaffneten Personenschutz hatte. Als wir die Umgebung im Rahmen der Vorbereitung auskundschafteten, entdeckten wir die Zielperson. Wir informierten das Team und nahmen sofort unsere Aufstellung ein, um eingreifen zu können. Genau in diesem Moment ertönte die Sirene einer nahe gelegenen Fabrik, die den Feierabend ankündigte. Massen von Arbeitern strömten auf die Straße und die Zielperson mit ihrem Personenschutz bewegte sich nun inmitten der Menschenmenge. Es bestand grundsätzlich die Möglichkeit, die Festnahme durchzuführen, aber unser oberstes Prinzip war der Schutz von Menschenleben. Hätten die Personenschützer der Zielperson bei unserem Zugriff von der Schusswaffe Gebrauch gemacht, wovon wir aufgrund unserer Erkenntnisse ausgehen mussten, wären Menschenleben unnötig gefährdet worden. Nach einer kurzen Lagebeurteilung und unter Berücksichtigung unserer Prinzipien, zu denen eben auch der Ausschluss einer unnötigen Gefährdung von Menschenleben zählte, haben wir die Festnahme nicht durchgeführt und uns für eine passive Observation entschieden, bis wir die Gefährdung unbeteiligter Dritter minimieren konnten.

In diesem Beispiel hätten wir keine Zeit gehabt, uns bei der obersten Führungsebene zu erkundigen, wie wir vorgehen sollten. Ein klares Ziel in Verbindung mit Grundsätzen ermöglichte es, im Sinne der Organisation zu entscheiden und entsprechend der Situation vor Ort zu handeln.

9.2.5 Beispiel Unternehmen

Ein gutes Beispiel für diesen Ansatz auf Unternehmensebene sind die für die Umsetzung der Ziele der Sicherheitsstrategie wichtigen und hilfreichen Prinzipien, die ich im Rahmen meiner Tätigkeit als Leiter der Konzernsicherheit mit meinem Team erarbeitet habe. Während wir uns sehr konkrete Ziele setzen, sind die Grundsätze für jeden Einzelnen eher abstrakte Planungs- oder Entscheidungshilfen.

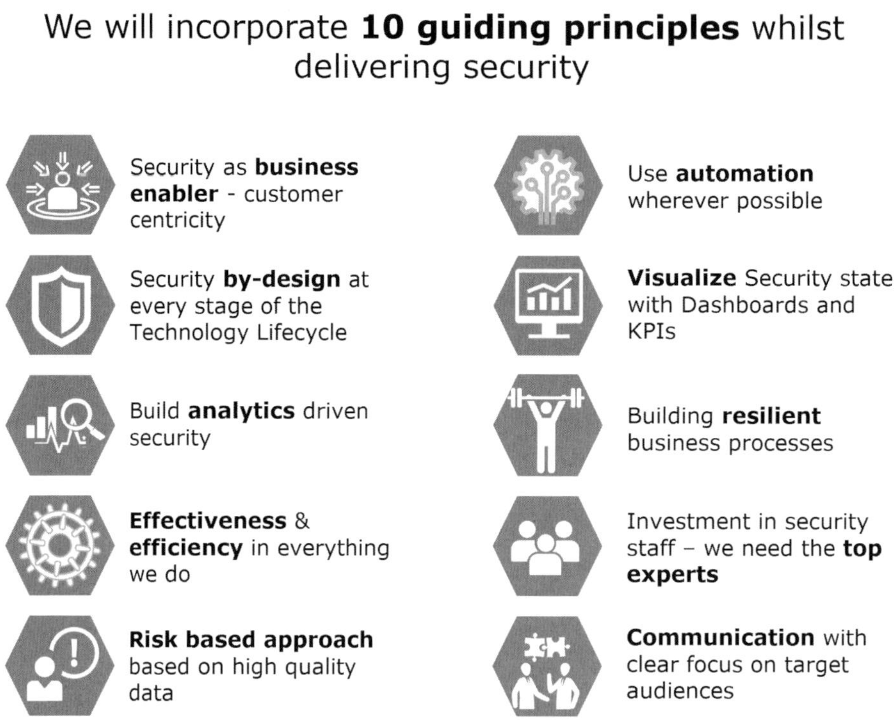

10 Prinzipien der Security-Organisation

Leitfragen zur Reflexion

- Welche Rolle spielen Werte in deiner Organisation?
- Welche Grundsätze/Prinzipien gibt es in deinem Bereich?
- Wie werden diese gelebt?
- Welche Prinzipien könntet ihr gemeinsam definieren?

Tipps zur praktischen Umsetzung

- Überlege zunächst für dich oder gleich mit deinem Team, wie du die Werte/Prinzipien/Grundsätze deiner Organisation in deinem Bereich umsetzen kannst.
- Definiere gemeinsam mit deinem Team spezifische Prinzipien für häufige Entscheidungen oder erwünschte Handlungsmuster in eurem Bereich.

10 VERNETZUNG ALS ANTWORT AUF EINE VERNETZTE WELT

"It takes a network to defeat a network."

(Stanley McCrystal)

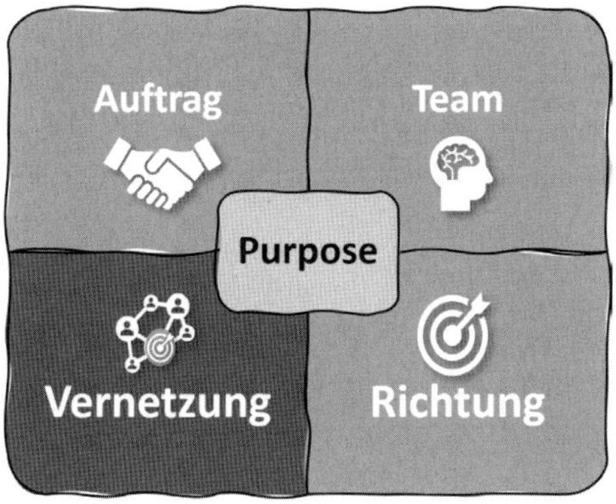

In einem sich konstant und rasant veränderndem Umfeld ist die Fähigkeit zur Anpassung ein Wettbewerbsvorteil. Wenn du deine Organisation, die Mitarbeiter innerhalb deines Teams und deine Informationen vernetzt, kannst du *Führen durch Auftrag* noch wirksamer machen. Das WAS vernetzt das WOZU mit dem WIE. Wesentliche Voraussetzung für eine Vernetzung, besonders in einer digitalen Welt, ist die Interoperabilität von Systemen und Abläufen.

Beginnen wir gleich mit einer kurzen Reflexion zum Thema Organisation:

- Welche Vor- und Nachteile haben Hierarchien?
- Welche Vor- und Nachteile haben Netzwerke?

10.1 Vernetzte Hierarchie

"As of today, we still don't know of any robust, broadly applicable mechanism besides hierarchy for scaling collaboration among a diverse set of interdependent individuals."

(Zitat Puranam und Clément, 2018)

Gerade in Zeiten von Start-ups erscheinen hierarchische Führungsebenen auf den ersten Blick starr, veraltet und werden oft kritisiert. Hierarchie ist jedoch eine Methode der Natur, mit Komplexität umzugehen, und alle biologischen Organismen bestehen aus Systemen mit Subsystemen. Gerade vielschichtige Hierarchien eignen sich sehr gut für komplexe Aufgaben, da sie diese in Teilprobleme zerlegen und damit handhabbarer machen. Hierarchien schaffen Struktur und erleichtern damit den Beteiligten die Orientierung, z.B. wer für was zuständig ist und wer welche Entscheidungen treffen kann. Wir erinnern uns an die Führungsgrundsätze (z. B.: Definiere klare Verantwortlichkeiten). Gleichzeitig können diese Vorteile auch zu Nachteilen werden, wenn die meiste Energie darauf verwendet wird, durch die eigene Komplexität zu navigieren, anstatt Leistung zu erbringen. Negative Auswirkungen bedeuten, dass „Silos" entstehen, Entscheidungen aufgrund mehrerer Ebenen lange brauchen, Verantwortung nach oben oder nach unten abgeschoben wird und somit Entscheidungen gar nicht erst getroffen werden.

Eine vernetzte Organisation nutzt die Effizienz und Stabilität hierarchischer Strukturen in Kombination mit der Effektivität und Anpassungsfähigkeit von Netzwerken bzw. agilen Strukturen.

10.1.1 Verbindungselemente

Klassische Hierarchien, wenn auch mit weniger Hierarchieebenen, werden uns also zumindest mittelfristig noch länger erhalten bleiben. Auch das Militär ist sich der Nachteile bewusst und reagiert mit Verbindungselementen[19], um die bekannten Nachteile von Hierarchien zu reduzieren. Es handelt sich dabei um Personen, die aus deinem Team entsandt werden, dein Team repräsentieren und daher deine Absichten, Vorgehensweisen und Verfahren kennen und verstehen müssen. Daher ist es wichtig, bei der Auswahl dieser Personen auf ihr Ansehen in der eigenen Organisation, ihre Erfahrung und ihren direkten Zugang zu relevanten Entscheidungsträgern zu achten. Die blosse Entsendung von Personen, die in der eigenen Organisation nicht erwünscht sind, wird nicht zum

19 Verbindungelemente ermöglichen Kontakt und Austausch zwischen militärischen oder zivilen Kräften, um gegenseitiges Verständnis, Vertrauen und Übereinstimmung bei Zweck und Handlung zu ermöglichen" (Definition US Army).

gewünschten Erfolg führen. Hauptaufgabe der Verbindungselemente ist der Austausch und Abgleich von Informationen, also ein formelles Mittel, um einen informellen Austausch unter Umgehung hierarchischer Hürden zu ermöglichen.
Die Anzahl und Zusammensetzung der Verbindungselemente hängt von der Zielsetzung und den zur Verfügung stehenden Ressourcen ab. Das Spektrum reicht von der Teilzeittätigkeit einer Person bis hin zu kleinen Teams, die sich aus verschiedenen Experten zusammensetzen. Grundsätzlich gibt es vier Möglichkeiten des Einsatzes von Verbindungselementen, die natürlich auch kombiniert werden können.

Gegenseitiger Austausch

Hier werden Personen oder Teams organisatorisch gegenseitig ausgetauscht und arbeiten über einen längeren Zeitraum zusammen. Diese Option ist die Vorstufe zu durchgängig verantwortlichen Teams, da die Interessen beider Seiten vollständig berücksichtigt und umgesetzt werden können. Beispielsweise kann in einer nach Kundenbedürfnissen strukturierten Organisation ein Austausch zwischen Privatkunden- und Firmenkundenbereich das gegenseitige Vertrauen und Verständnis erhöhen, die Zusammenarbeit verbessern und Synergien nutzen.

Einseitige Integration

Hier werden Personen oder Teams nur einseitig entsandt oder empfangen, um die eigenen Interessen zu vertreten und die Bedürfnisse der anderen Seite zu erkennen. Dies kann z. B. die Integration eines Bereichscontrollers in einen Geschäftsbereich oder die Entsendung einer Person in ein externes Forschungsprojekt oder eine externe Organisation sein.

Botschafter

Hier werden motivierte Personen in den relevanten Bereichen zu eigenen „Botschaftern" entwickelt, um einerseits die eigenen Interessen zu vertreten, andererseits aber auch die Probleme und Pain Points zu erkennen. Dies können z. B. Marketingbotschafter in der Produktentwicklung oder Sicherheitsbotschafter in der Softwareentwicklung sein.

Point of Contacts

Hier geht es darum, dedizierte Ansprechpartner in bestimmten relevanten Bereichen zu haben, die schnell und unkompliziert erreichbar sind. Das können zum Beispiel Experten aus der Rechtsabteilung für einen bestimmten Themenbereich oder HR Business Partner sein.

Verbindungselemente schaffen also gegenseitiges Verständnis, Vertrauen und ermöglichen eine effektive und effiziente Zusammenarbeit. Sie erweitern sozusagen dein Team. Innerhalb der eigenen Organisation können hierarchische Silos überwunden werden, mit anderen Organisationen kann die Interaktion nachhaltig unterstützt und optimiert werden.

In nachfolgender Abbildung, die das Prinzip einer ***hierarchischen,*** aber ***vernetzten*** Organisation veranschaulicht, siehst du schematische interne und externe Verbindungselemente.

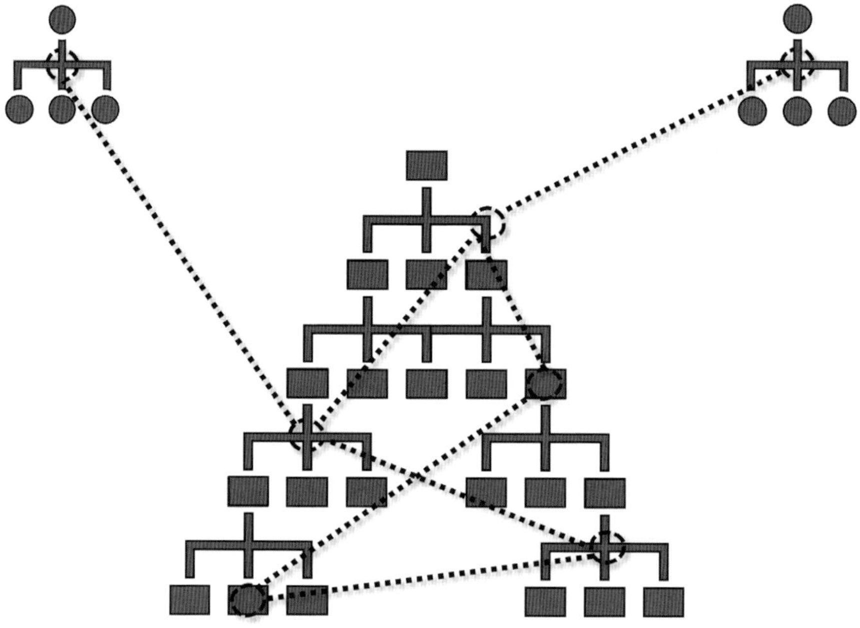

Schematische Darstellung einer hierarchischen, aber vernetzten Organisation (grau) durch interne und externe Verbindungselemente (schwarz)

10.1.2 Beispiel Militär

Bereits zweimal hatte ich als Führungskraft an einer regelmäßig stattfindenden dreiwöchigen Übung im Ausland teilgenommen. Als wir uns zum dritten Mal auf diese Übung vorbereiteten, war ich nicht mehr in der Einsatz-, sondern in der Ausbildungsorganisation tätig. Mein ehemaliger Chef fragte mich, ob ich als Verbindungsoffizier mit zur Übung fahren könnte, da er dringend jemanden in dieser Funktion brauchte. Im ersten Moment sah ich mich in der Einsatzzentrale sitzen und Kaffee trinken, anstatt im Hubschrauber zu fliegen und Teams bei Einsätzen zu führen. Für einen Soldaten klingt das nicht sehr spannend. Aber ich verstand mich sehr gut mit meinem damaligen Chef und als er mich nach ein paar Tagen wieder fragte, sagte ich zu. Im Übungsraum angekommen, gab es gleich das erste Briefing. Während die Teams die Ausrüstung vorbereiteten und mit den Hubschraubern sowie am Schießplatz trainierten, hatte ich die Aufgabe, die Fähigkeiten und Einsatzmöglichkeiten unserer Task Group vorzustellen.

Ich wurde direkt von den Verbindungsoffizieren der anderen Nationen angesprochen, um Details zu erläutern. Unterstützungsmöglichkeiten wurden angefragt und angeboten. Plötzlich wurde es interessant. Während der Übung bekam ich Einblick in Abläufe und Entscheidungen, die ich bisher nur als Ausführender kannte. Ich konnte einige Situationen entscheidend beeinflussen und habe in kurzer Zeit sehr viel gelernt. Wichtig war, dass ich meine Erfahrung als Führungskraft eines Einsatzteams bei Entscheidungen einbringen konnte und durch das Kennenlernen der Entscheidungsprozesse auf höherer Ebene die Teams bei der Planung unterstützen konnte. Im Nachhinein war das mindestens genauso spannend wie die praktischen Übungen, nur aus einer anderen Perspektive. Diese Erfahrung ist übrigens auch einer der Gründe, warum ich mich bei späteren Stellen immer wieder für eine Job-Rotation eingesetzt habe. Es hilft allen Beteiligten, ihren Horizont zu erweitern und sich weiterzuentwickeln.

10.1.3 Beispiel Unternehmen

Als Leiter der Konzernsicherheit hatten wir in der Security-Organisation über die Jahre ein großes Team mit exzellentem Know-how aufgebaut, aus unserer Sicht sinnvolle Maßnahmen zur Risikosteuerung implementiert und alle externen Zertifizierungen und Prüfungen grundsätzlich gut bestanden. Das Problem war jedoch, dass wir wenig Feedback aus der Organisation bekamen, die Maßnahmen zwar auf dem Papier, aber nicht vollständig in der Realität existierten und das Verständnis für die Sicherheitsanforderungen oft nicht vorhanden war. Um hier effizienter zu werden, haben wir verschiedene Arten von Verbindungselementen zur besseren Vernetzung implementiert.

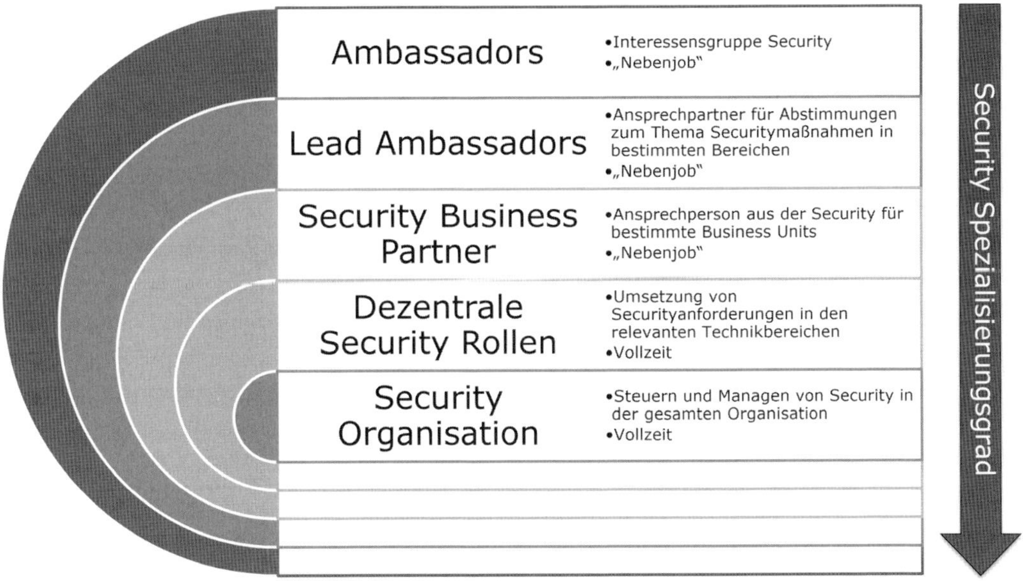

Ambassadors

Die „Security Ambassadors" sind quasi die „Neigungsgruppe Sicherheit", die sich aus freiwilligen, interessierten Personen aus verschiedenen Bereichen der Organisation zusammensetzt und als "Botschafter" in die Organisation dienen. Mit ihnen pflegen wir einen informellen Austausch und tauschen in regelmäßigen Abständen Neuigkeiten aus. Wir erhalten von ihnen Feedback aus den verschiedenen Bereichen der Organisation und haben für verschiedene Themen und Projekte meist eine „Friendly User"-Gruppe zum Ausprobieren und Lernen.

Lead Ambassadors

Da Sicherheitsanforderungen immer auch Auswirkungen auf die Prozesse in der Organisation haben, haben wir mit den „Lead Security Ambassadors" Ansprechpartner aus den wichtigsten Fachbereichen definiert. Mit ihnen tauschen wir uns regelmäßig darüber aus, wie wir unsere Maßnahmen verbessern können, welche Bereiche betroffen sind und wie wir am besten kommunizieren, um beide Seiten zu berücksichtigen. Die Lead Ambassadors können für ihren Bereich Security-Entscheidungen treffen und sind für die sinnvolle Umsetzung verantwortlich.

Security Business Partner für Business Units

Für die Führungskräfte der relevanten Business Units haben wir dediziert Ansprechpartner aus der Security-Organisation zur Verfügung gestellt. Ziel war es, den Führungskräften einen One-Stop-Shop für Security zu bieten, für uns als Security-Organisation direktes Feedback aus den Business Units zu erhalten und Zugang zur Entscheidungsebene zu haben. Je nach Präferenz der Führungskraft sind dies regelmäßige Austauschtermine, anlassbezogene Abstimmungen oder kurze Chats.

Dezentrale Security-Rollen

Die oben genannten Rollen führen ihre Security-Tätigkeiten immer als Zusatzaufgabe zu ihren Hauptaufgaben durch. Um Security aber wirklich zu etablieren, müssen bestimmte Rollen auch außerhalb der Security-Organisation integriert und umgesetzt werden. Für die relevanten Bereiche, in unserem Fall z. B. Softwareentwicklung, Netzwerk, Cloud, Telekommunikation ... haben wir dezentrale Security-Rollen geschaffen. Diese sind organisatorisch in den jeweiligen Teams angesiedelt, arbeiten dort im Tagesgeschäft mit und sind für bestimmte Security-Aufgaben verantwortlich. Fachlich und disziplinarisch der Linienorganisation unterstellt, aber in engem Austausch mit der Security-Organisation, um gemeinsam Security zu gestalten und zu leben.
Ähnliche Vorgehensweisen haben wir unter anderem zu den Themen Datenschutz, Compliance, aber auch zu Künstlicher Intelligenz etabliert.

10.1.4 Ableitungen für eine vernetzte Organisation

Aus heutiger Sicht werden die meisten Organisationen zumindest mittelfristig eher klassisch hierarchisch strukturiert bleiben, um die Vorteile wie Strukturierung, Entscheidungsfindung und klare Verantwortlichkeiten zu nutzen. Dabei ist darauf zu achten, dass Organigramme nicht zu Silos werden, sondern nur eine Aufbauorganisation darstellen, die durch Prozesse, Beziehungen, Anreize und Informationsaustausch eine gut funktionierende Ablauforganisation ermöglicht[20]. Der Trend geht stark in Richtung flachere Hierarchien, breitere Führungsspannen und mehr Selbstorganisation. Gerade hier bietet das Prinzip der vernetzten Organisation mit dem Nutzen von Verbindungselementen eine Möglichkeit, die Vorteile der Hierarchie mit denen eines Netzwerkes zu verbinden. Verbindungselemente innerhalb der Organisation, z. B. zwischen strategischen Geschäftseinheiten oder zur Abbildung von Querschnittsfunktionen[21], schaffen gegenseitiges Vertrauen und Verständnis und optimieren so die Zusammenarbeit. Verbindungselemente außerhalb der Organisation wirken nach dem gleichen Prinzip und dienen der Vernetzung mit Partnern oder Plattformen, z. B. für gemeinsame Entwicklungen oder das Anbieten von Dienstleistungen.

Leitfragen zur Reflexion

- Auf einer Skala von 1–10: Wie stark ist dein Team/deine Organisation intern vernetzt?
- Ist dein Team/deine Organisation extern durch Kooperationen und Partnerschaften gut vernetzt?

Tipps für die praktische Umsetzung

- Mit welchen Bereichen habt ihr oft Missverständnisse oder mit Widerstand zu kämpfen? -> Potenzial für Verbindungselemente
- Welche Fähigkeiten braucht ihr bzw. könntet ihr anderen anbieten? -> Potenzial für Partnerschaften/ Kooperationen

10.2 Vernetztes Team

Im vorangehenden Kapitel haben wir uns mit Verbindungselementen beschäftigt, um die Vorteile von Hierarchien und Netzwerken zu kombinieren. In diesem Kapitel sehen wir uns an, wie du deine Teams am besten aufstellst, um dir einen möglichst großen Handlungsspielraum hinsichtlich deiner Fähigkeiten zu verschaffen.

10.2.1 Struktur von Streitkräften

Streitkräfte sind in ihrer Friedensstruktur grundsätzlich funktional organisiert, beispielsweise Luftstreitkräfte, Landstreitkräfte und Unterstützungskräfte. Diese Struktur ist kosteneffizient und zur Bewältigung der Normaufgaben ausgerichtet.

20 (Ghemawat & Altman, 2019)

21 Beispielsweise Datenschutz, Compliance und Security

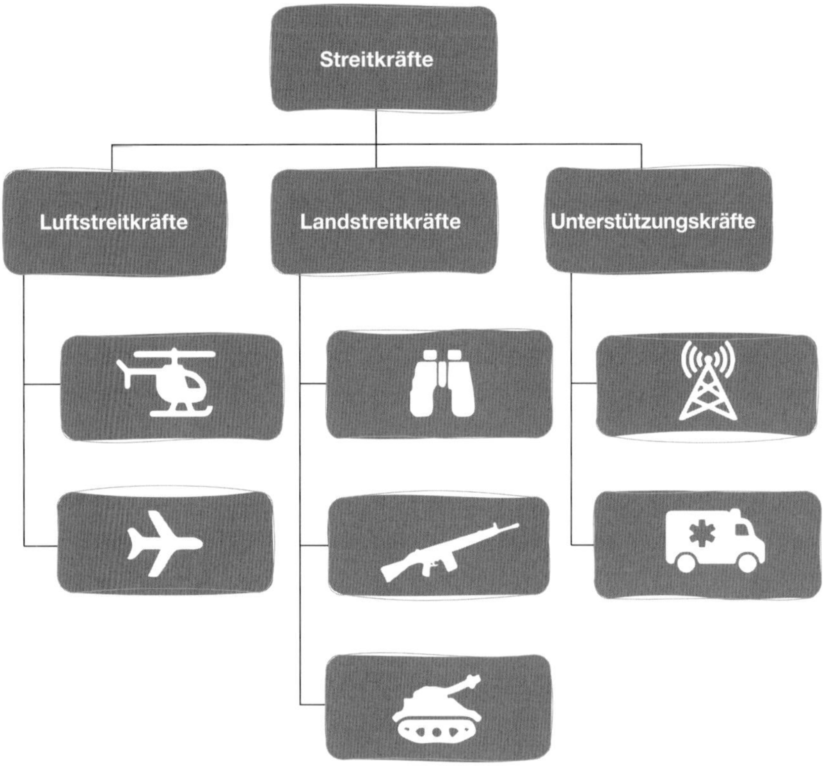

Funktional gegliederte Streitkräfte

Wenn ein Einsatz Fähigkeiten erfordert, die in der Standardstruktur nicht verfügbar sind, werden die notwendigen Elemente für die Dauer des Einsatzes zugewiesen, z.B. Pioniere für den Brückenbau. Treten ähnliche Herausforderungen über einen längeren Zeitraum oder häufiger auf, kann auch eine Task Force[22] mit den notwendigen Elementen gebildet werden, um hier mittelfristig auf die Situation reagieren zu können.

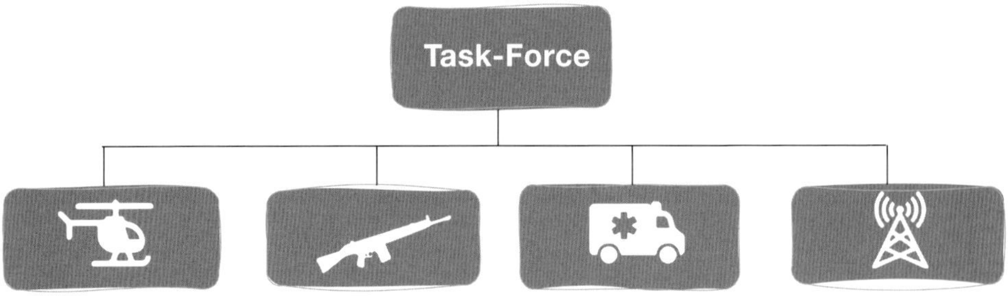

Aufgabenbezogen gegliederte Task Force mit Hubschrauber-, Infanterie-, Sanitäts- und Einsatzunterstützungselementen zur selbstständigen Einsatzführung

22 Als Task Force wird das längerfristige Zusammenstellen von verschiedenen Elementen unter einer Führungsverantwortung bezeichnet.

Diese aufgabenbezogene Gliederung kann als eine Art „analoge Vernetzung" angesehen werden, da sie unterschiedliche Fähigkeiten zur autonomen Einsatzführung zusammenführt. Gerade die jüngsten Entwicklungen, z. B. in den Konflikten im Nahen Osten oder in der Ukraine, deuten darauf hin, dass sich der Trend in den Auseinandersetzungen immer mehr in Richtung einer asymmetrischen Bedrohungslage[23] (z. B. konventionelle Streitkräfte gegen kleine, heterogene Gruppen ziviler Widerstandskämpfer) verlagert. Damit verschiebt sich die Notwendigkeit der Fähigkeit zur eigenständigen Operationsführung hierarchisch immer weiter nach unten, um schnell und angemessen reagieren zu können. Diese „befähigten" Einsatzkräfte sind in der Lage, die vielfältigen Herausforderungen in ihrem Verantwortungsbereich eigenständig zu bewältigen - sie agieren quasi wie kleine Armeen. Damit werden Streitkräfte in die Lage versetzt, in einem asymmetrischen Umfeld durch Anpassung an den Gegner Symmetrie herzustellen. Die analog und digital vernetzte Operationsführung ermöglicht dabei die notwendige Synchronisation dieser dezentral und autonom agierenden Elemente.

10.2.2 Ableitungen für Organisationen

Die dargestellte funktionale Gliederung zur Bewältigung der Normaufgaben findet sich in den meisten Organisationen wieder. In einer dynamischen Geschäftswelt müssen zwar weiterhin standardisierte Normaufgaben umgesetzt werden, jedoch stehen heute häufig Projekte auf der Tagesordnung. Hier ist die Expertise bzw. Kompetenz aus verschiedenen Bereichen gefragt, um erfolgreich zu agieren. Wenn anstelle von Standardaufgaben häufiger projektartige Arbeit zu leisten ist, werden meist agile Organisationsformen angenommen, die dem Ansatz von Task Forces sehr nahe kommen. Dieser Trend zu cross-funktionalen, End-to-End (E2E) verantwortlichen Teams ist durchaus sinnvoll, um Teams in die Lage zu versetzen, dynamische Aufgaben selbstständig zu bewältigen. Es darf jedoch nicht übersehen werden, dass dies auch entsprechende Führungskräfte[24] erfordert, die diese Elemente koordinieren und führen können und die ungeteilte Verantwortung übernehmen.

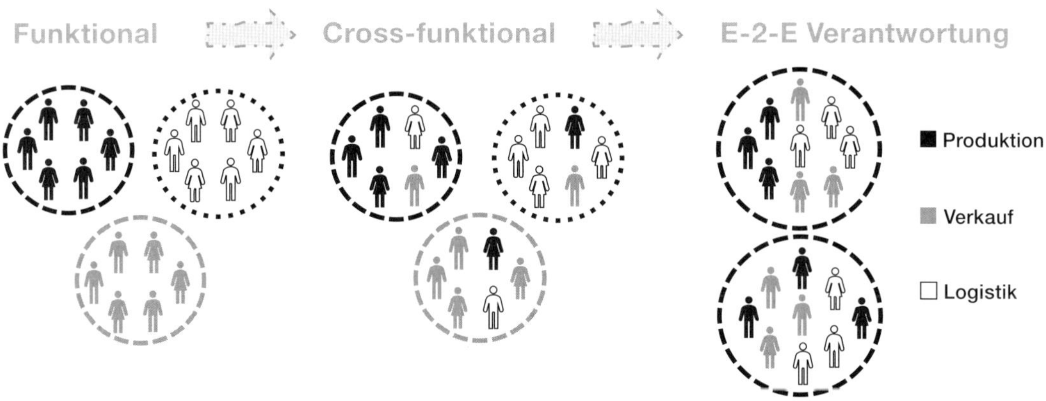

Schemenhafte Evolution von funktionaler über cross-funktionale zu End-to-End verantwortlicher Gliederung

23 Eine asymmetrische Bedrohungslage beschreibt mehrere Ungleichheiten, wie beispielsweise in der Struktur der Akteure, in den gewählten Strategien, Methoden und Verfahren oder den vorhandenen Potenzialen und Ressourcen. (Feichtinger, 2004)

24 Fachliche, methodische und soziale Kompetenz – zum Beispiel entsprechende Product Owner

Leitfragen zur Reflexion

- Habt ihr cross-funktionale Teams?
- Welche Fähigkeiten/Personen/Teams bräuchtest du in deinem Team, um autonom agieren zu können?
- Wo könnten diese Sinn machen?
- Gibt es End-to-End-Verantwortung in deiner Organisation?
- Wo wäre End-to- End-Verantwortung in deiner Organisation von Vorteil?

Tipps für die praktische Umsetzung

- Identifiziere Bereiche, mit denen es Sinn macht, enger zusammenzuarbeiten.
- Identifiziere Themen, wo du End-to-End-Verantwortung übernehmen könntest.

10.3 Vernetzte Information

Strukturell vernetzte Teams sind keine Voraussetzung, aber eine gute Basis, auf der Informationsvernetzung aufbauen kann. Informationsvernetzung ist ein entscheidender Faktor und Wettbewerbsvorteil, um Mitarbeiter zu befähigen, eigenverantwortlich im Sinne der Organisation zu handeln. Ziel ist das aktive Teilen, Aufbereiten und Bereitstellen von vorhandenen Informationen (analog und digital) über Bereiche und Hierarchieebenen hinweg.

10.3.1 Vernetzte Einsatzführung

Vernetzte Einsatzführung[25] ist die militärische Antwort auf das Informationszeitalter und bedeutet die Vernetzung von Sensoren (z. B. Satellitenbilder), Führungs- und Wirkmitteln (z. B. Drohnen). Ein organisationsweites gemeinsames Lageverständnis ermöglicht es, die Stärken der Auftragstaktik mit modernen Informationstechnologien zu nutzen.

Der verbesserte Informationsaustausch führt zu einer erhöhten Informationsqualität und ermöglicht ein „gemeinsames Bewusstsein" in der gesamten Organisation. Dieses gemeinsame „Bewusstsein" ermöglicht eine passive Synchronisation der Teams allein durch den Zugriff auf das gemeinsame Lagebild und eine aktive Synchronisation durch zentrale Kommunikation der Führung mit allen Elementen. Der Informationsvorteil wird so zu einem direkten Handlungsvorteil und ermöglicht eine flexiblere und dynamischere Einsatzführung, insbesondere der dezentralen Kräfte.

10.3.2 Ableitungen für eine vernetzte Organisation

Eine vernetzte „Geschäftsführung" mit dem Ziel der Informationsüberlegenheit gewinnt auch für Unternehmen zunehmend an Bedeutung. Alle in einem Unternehmen verfügbaren

25 Führung und Einsatz von Streitkräften auf Grundlage eines streitkräftegemeinsamen, Führungsebenen übergreifenden und interoperablen Informations- und Kommunikationsverbundes, der alle relevanten Personen, Stellen, Truppenteile und Einrichtungen miteinander verbindet (Definition ÖBH).

Informationen sollen zentral und zeitnah allen relevanten Stakeholdern zur Verfügung stehen. Dabei ist in zwei Ebenen zu denken. Die erste Ebene ist die Verfügbarkeit der Rohdaten, um die Möglichkeit der Analyse (z.B. im Rahmen eines Data Lakes) zu erhalten. Auf der zweiten Ebene sollten vor allem auf das Wesentliche reduzierte und aufbereitete Daten für den Endnutzer dargestellt werden, wobei die Darstellung natürlich je nach Nutzergruppe variiert. Die daraus resultierende Möglichkeit zur Selbstorganisation und schnellen Reaktion stellt im heutigen Umfeld einen signifikanten Wettbewerbsvorteil dar.

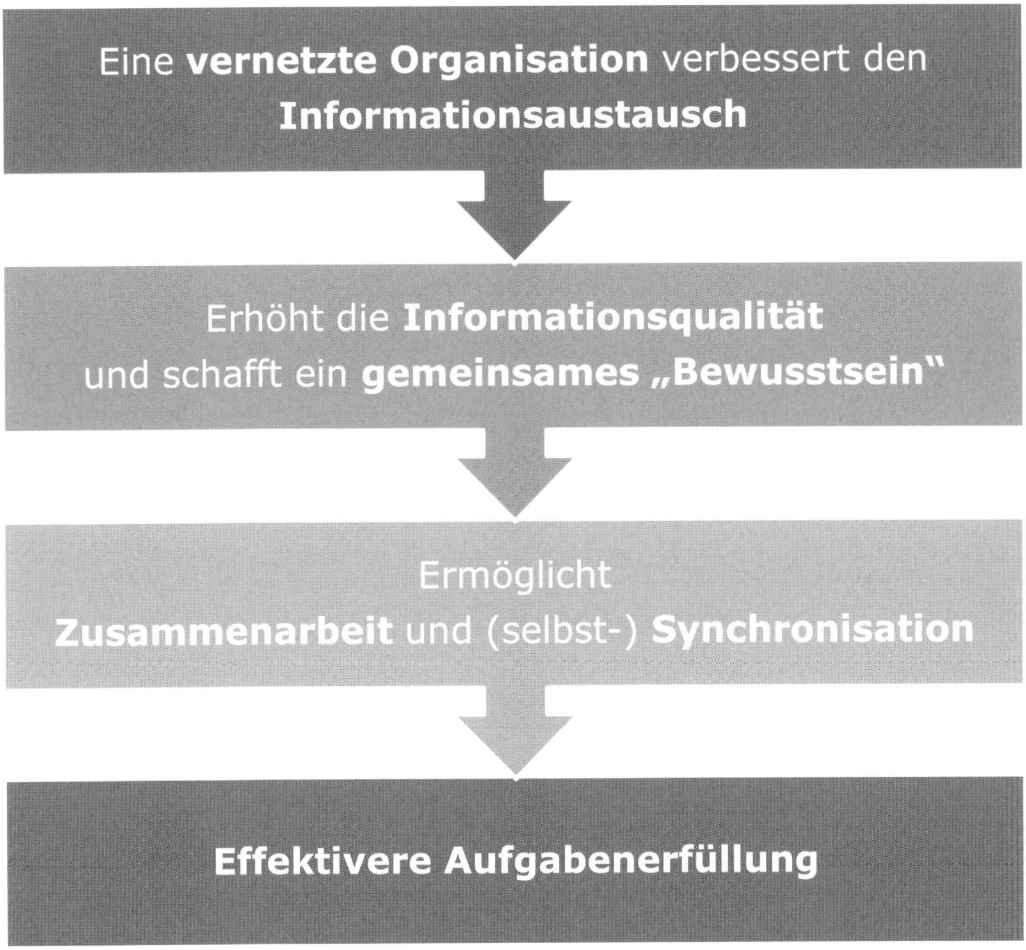

Argumentationsgang vernetzte Geschäftsführung

Eine vernetzte Geschäftsführung digitalisiert das *Führen durch Auftrag* und ermöglicht so eine flexiblere und dynamischere dezentrale Führung durch Schaffung eines gemeinsamen Lageverständnisses in der gesamten Organisation in nahezu Echtzeit. Diese „Informationstransparenz" erhöht die Qualität der Informationen und schafft ein gemeinsames Verständnis in der gesamten Organisation. Das daraus resultierende gemeinsame „Bewusstsein" fördert wiederum die notwendige Zusammenarbeit und steigert damit die Effektivität. Diese radikale Transparenz erfordert eine positive Fehlerkultur, in der das Teilen von „Lessons Learned" als Standard angesehen wird, um sich kontinuierlich weiterzuentwickeln.

In unserer globalen und digitalen Welt ist eine entsprechende Interoperabilität mit allen Stakeholdern von großer Bedeutung, man denke nur an die automatische Bereitstellung von Informationen, z. B. für den Regulator, für Kunden (z. B. PSD2, DSGVO) oder für Partner (z. B. OpenAPI). Auch die Interoperabilität innerhalb der Organisation muss bei der Entwicklung und Beschaffung berücksichtigt werden (z. B. Kompatibilität des Risikomanagement-Tools mit dem des internen Kontrollsystems).
Auch Kooperationen sollten genutzt werden, um eigene Defizite abzubauen und das Angebot zu erweitern (z. B. Kooperation mit Start-Ups). Wichtig ist aber auch hier, dass keine Kernkompetenzen verloren gehen.

Leitfragen zur Reflexion

- Wie teilst du deine Informationen?
  - Analog in Meetings, Einzelgesprächen, Telefon ...
  - Digital per Mail, Sharepoint, Dashboards ...
- Wie synchronisierst du deine Informationen?
  - Nutzt du Dashboards, Sharepoint oder schickst du beispielsweise E-Mails und Excels hin und her?
- Sind deine Systeme/Prozesse intern interoperabel?
  - Z. B.: Können die Daten aus deinen verschiedenen Systemen möglichst automatisch untereinander genutzt werden?
- Sind deine Systeme/Prozesse extern interoperabel?
  - Z. B.: Können die Daten aus deinen verschiedenen Systemen möglichst automatisch mit anderen Dienstleistern oder Partnern ausgetauscht werden?

Tipps für die praktische Umsetzung

- Überlege dir: Welche Information benötigt dein Team bzw. müsst ihr regelmäßig bereitstellen?
  - Kannst du das strukturieren, standardisieren und wenn möglich automatisieren?
- Wo macht es Sinn, sich Zeit für einen regelmäßigen Austausch in einem adäquaten Rahmen zu nehmen?
  - Welche Themen musst du mit wem täglich, welche wöchentlich und welche seltener abstimmen?
  - Sind die richtigen Personen im Raum, ist das Setting passend und liefern die Meetings die erwünschten Ergebnisse für dich und die Teilnehmer?
  - Ist der Zweck des Meetings klar und vorbereitet?

10.3.3 Beispiele vernetzter Einsatzführung für eine vernetzte Organisation

In einem dynamischen Umfeld ist eine angemessene Synchronisierung (Art und Häufigkeit) der Informationen ein Schlüsselelement, um schnell und angemessen auf Veränderungen reagieren zu können. Je nach Art und Komplexität kann dies z. B. durch Echtzeit-Monitoring, passive Dashboards oder täglichen/wöchentlichen Informationsaustausch für Teilbereiche oder die gesamte Organisation erfolgen. Im Folgenden werden einige Möglichkeiten zur Synchronisation von Informationen vorgestellt.

I. Analoge Synchronisation

Im militärischen Bereich hat sich in Einsätzen der sogenannte „Battle Rhythm" für eine standardisierte Synchronisation entwickelt. In dem in der Abbildung dargestellten Beispiel haben wir innerhalb von 24 Stunden zwei Schichtwechsel (06:00 und 18:00 Uhr) sowie fünf Updates (04:00, 08:00, 12:00, 16:00, 20:00 Uhr) und um 09:00 Uhr ein Commander's Update Briefing. Wir haben also alle vier Stunden ein Update der relevanten Stakeholder mit einem Zeitfenster von acht Stunden in der Nacht. Dies deutet auf eine hohe Aktivität während des Tages hin, aufgrund der Häufigkeit der Besprechungen. Einmal am Tag um neun Uhr hat der Kommandant die Möglichkeit, alle Stakeholder direkt zu synchronisieren und den Plan anzupassen.

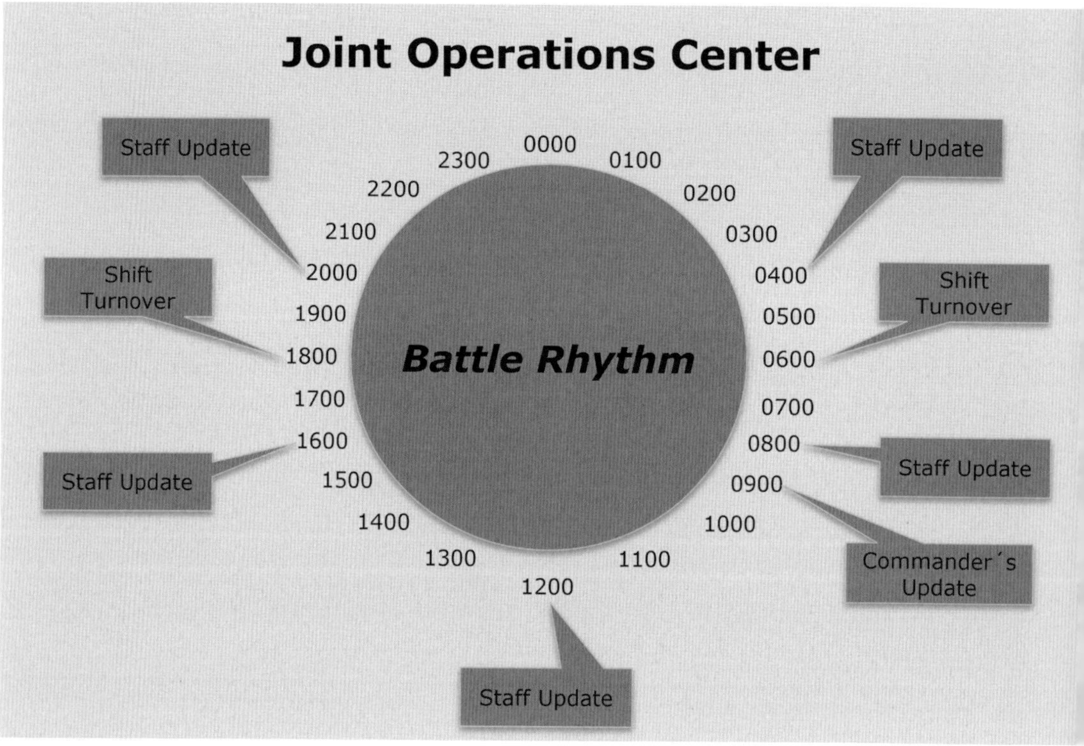

Beispielhafter 24 Stunden „Battle Rythm" zur Synchronisation von Information und Aktivitäten[26]

Was beim Militär seit Jahrzehnten Standard ist, hat sich mittlerweile auch in Organisationen etabliert, seien es beispielsweise Daily Stand-ups oder Scrum-Meetings. Wichtig ist zu erkennen, in welchen Zeiträumen regelmäßig signifikante Veränderungen auftreten, um die Häufigkeit der Synchronisationsmeetings danach auszurichten. Die Führungskraft muss nicht immer anwesend sein, die Häufigkeit richtet sich nach den Bedürfnissen der Organisation bzw. der Volatilität der Situation.

II. Meetingstruktur

Ich habe leider viele Meetings erlebt, bei denen ich und andere TeilnehmerInnen nicht wussten, worum es ging bzw. was ihr Beitrag oder der beabsichtigte Mehrwert war. Beim Militär gibt es eine vorgegebene Struktur für Meetings, je nach Zweck[27]. Auch in anderen

26 https://slideplayer.com/slide/1584999/ Folie 16
27 Beispielsweise – Meeting zu Orientierung (Einleiten eines Prozesses), zur Unterrichtung (Informationsupdate) oder zur Entscheidung

Organisationen ist es hilfreich, für jedes Meeting einen klaren Zweck (z. B. Informationsweitergabe, Diskussion, Entscheidung) und eine Agenda festzulegen. Es ist auch wichtig, die Inhalte und den geschätzten Zeitaufwand vor dem Meeting zu kennen, um eine Priorisierung der Themen zu ermöglichen. Anbei ein Beispiel für einen Standard-Jour-fixe für einen Bereich mit mehreren Abteilungen/Projekten. Das Zeitintervall hängt von der Geschwindigkeit der Änderungen ab und die Dauer von der Anzahl der Themen. Im dargestellten Beispiel geht es um die Synchronisation des Bereichs und nicht um eine detaillierte bilaterale Problembesprechung. Detaillierte Diskussionen werden daher im Anschluss (dafür vorgesehene Zeit am Ende des Meetings) oder in einem separaten Termin geführt.

Beispiel: Wöchentlicher Bereichs-Jour-fixe

Zielsetzung: Informationsaustausch und Abstimmung des Bereichs für die Folgewoche

Agenda:

1. Stimmungsbarometer (max. 5 min)
   - Wie ist die generelle Stimmung in den Teams, und müssen wir etwas tun?
2. Bereichsleiter (max. 10 min)
   - Information von außerhalb des Bereichs und generelle Themen
3. Teams/Projekte (max. 20 min insgesamt)
   Jedes Team-/Projekt-Lead präsentiert folgende Punkte:
   - Status quo (wenn sinnvoll: letzte Woche – diese Woche – nächste Woche)
   - Learnings, die ihr mit der gesamten Gruppe teilen wollt
   - Benötigte Ressourcen (z. B. Personen, Material ...)
   - Herausforderungen und benötigte Entscheidungen
   - Notwendige Absprachen mit anderen Teammitgliedern nach dem Meeting
4. Andere relevante Themen (max. 15 min)
   - Ausfüllen des Protokolls vor dem Meeting, um priorisieren zu können (dient auch als Reservezeit)
5. Zeit für Absprachen innerhalb der Abteilung (mind. 10 min geblockt)
   - Bilaterale Abstimmung, die sich aus Punkt 3 ergeben hat
   - Alle Team-/Projekt-Leads halten diese Zeit geblockt, um dringende Themen, die nicht für alle relevant sind, abzustimmen.

III. Digitale Synchronisation

In vielen Filmen noch Zukunftsmusik, ist die digitale Vernetzung bei den Streitkräften bereits angekommen. So sind viele Spezialeinheiten heute bereits mit Smartphones[28] ausgestattet, auf denen die verfügbaren Informationen je nach Bedarf genutzt und überlagert werden können. So hat jeder einzelne Soldat die Möglichkeit, eigenen Soldaten live auf einer digitalen Karte zu sehen und z. B. einen Live-Feed einer Drohne darüber zu legen.

28 https://www.businessinsider.com/samsung-galaxy-s20-tactical-edition-for-dod-and-federal-goverment-2020-8

Dies verbessert das Lageverständnis und ermöglicht eine schnellere Reaktion und damit eine höhere Effektivität.
Diese digitalen Möglichkeiten sollten auch in Organisationen genutzt werden, sei es in Form von Apps oder Dashboards mit relevanten Informationen. In vielen Organisationen wird noch dezentral und manuell mit fehleranfälligen Excel-Tabellen oder mit Emails versucht, eine Steuerungsmöglichkeit zu schaffen. Gerade in Zeiten von Big Data, Datawarehouses/Data Lakes sollte ein Schwenk hin zu Dashboards und Realtime Monitoring angestrebt und ein Fokus auf Datenqualität gelegt werden. Diese „Echtzeit-Synchronisation" ist eine Möglichkeit, Mitarbeiter und Teams zu befähigen und auf Basis eines gemeinsamen Lagebildes effektiver und effizienter vor Ort bzw. beim Kunden (re-)agieren zu können.

11 ZUSAMMENFASSUNG *FÜHREN DURCH AUFTRAG* IN DER ORGANISATION

Führen durch Auftrag als Führungsphilosophie kannst du für dich selbst und sofort in deinem Team und Umfeld anwenden. Wenn das Prinzip in deinem Team oder im Idealfall in der gesamten Organisation gelebt wird, kannst du eine vernetzte, adaptive Organisation schaffen. Damit bist du in der Lage, dezentral, aber im Sinne der Organisation auf schnelle Veränderungen zu reagieren und dein langfristiges Ziel zu erreichen. Die Zutaten für diese Anpassungsfähigkeit sind

- Team – Gestalte das Potenzial deines Teams und ermögliche Kreativität.
- Richtung – Ermögliche eine dezentrale Umsetzung durch klare Ziele und Prinzipien.
- Vernetzung – Vernetze deine Teams und deine Informationen.

Nachfolgend habe ich die wichtigsten Punkte noch einmal zusammengefasst:

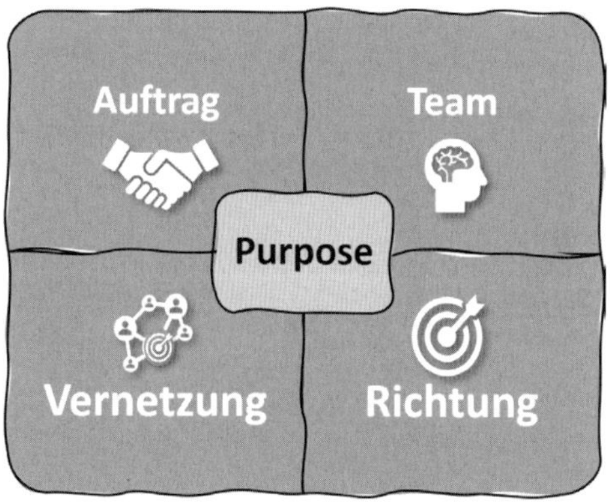

Elemente einer vernetzten, adaptiven Organisation

11.1 Team

Gestalte das Potenzial deines Teams und ermögliche Kreativität.

Kreativität als notwendige Fähigkeit in einer dynamischen Welt hängt stark von den Menschen ab. Hier können vor allem durch eine gute Personalauswahl und Personalentwicklung sowie durch geeignete Rahmenbedingungen die Voraussetzungen geschaffen werden, um Kreativität und damit Dynamik bei der Zielerreichung zu ermöglichen. Kreativität lässt sich leider nicht anordnen.

Investiere in die Qualität deiner Führungskräfte und Mitarbeiter.

- Führungskräfte müssen in der Lage und willens sein, Verantwortung für die übertragene Aufgabe, ihre Mitarbeiterinnen und Ressourcen zu übernehmen.
- Fordere das aktive Ausnutzen des gewährten Handlungsspielraums unter Berücksichtigung der Absicht der zwei übergeordneten Führungsebenen.
- Permanente transparente Kommunikation mit allen Führungsebenen ist deine Kernaufgabe als Führungskraft.
- Fordere und fördere deine Führungskräfte, sodass sie verschiedene Rollen einnehmen können (Führungskraft, Coach, Mentorin, Verwalter ...).
- Etabliere eine dezidierte Stellvertreterinnenregelung in deinen Teams.
- Befähige deine Mitarbeiter, verschiedene Aufgaben und Rollen wahrnehmen zu können und „spezialisierte Generalisten" zu sein.
- Fördere eine positive Fehlerkultur und implementiere einen Lessons-Learned-Prozess..

11.2 Richtung

Ermögliche eine dezentrale Umsetzung durch klare Ziele und Prinzipien.

Führung bedeutet, ein klares Ziel vorzugeben und geeignete Rahmenbedingungen zu schaffen. Aus deinem zentralen Organisationsziel leiten sich die Teilziele deiner Teams ab und tragen so zum Gesamtziel bei. Die notwendige unternehmensweite Transparenz ermöglicht die Nutzung der Handlungsspielräume deiner Führungskräfte und Mitarbeiter. Um diese Ziele umzusetzen und kurzfristige Entscheidungen in deinem Sinne zu treffen, werden du und dein Team durch den Entscheidungsprozess sowie deine Werte und Prinzipien unterstützt.

Schaffe Klarheit und Struktur.

- Gib das WARUM und das WAS vor, aber lasse Handlungsspielraum beim WIE in der Planung und Umsetzung zur Zielerreichung.
- Schränke den Handlungsspielraum nur ein, wenn es Koordinationsbedarf oder wichtige Vorgaben (z. B. Sicherheitsmaßnahmen, juristische Vorgaben) gibt.
- Führen durch Auftrag setzt gegenseitiges Vertrauen voraus und benötigt die drei Faktoren Wissen, Können und Wollen.
- Stelle sicher, dass deine Ziele einen Beitrag zu den Organisationszielen liefern.
- Unterstütze deine Teams bei der Zieltransformation mit einem organisationsweiten Führungsverfahren, aber gib Freiheit in der Umsetzung.
- Etabliere allgemeine Führungs- und spezielle Anwendungsgrundsätze.

11.3 Vernetzung

Vernetze deine Teams und deine Informationen.

Der „Vernetzte Ansatz" steht für die analoge und digitale Vernetzung deiner Organisation, deiner Teams und deiner Informationen und schafft einen Wettbewerbsvorteil durch die autonome und vernetzte Führung dezentraler Elemente. Diese Vernetzung ermöglicht es dir, *Führen durch Auftrag* in der gesamten Organisation zu skalieren und zu digitalisieren. Dies ermöglicht einen schnelleren Führungsprozess und eine bessere Synchronisierung aller Elemente, was sich wiederum in schnellen Entscheidungen und Handlungen beim Kunden im Sinne der gesamten Organisation manifestiert.

Fördere interne und externe Zusammenarbeit und Kooperation.

- Etabliere Verbindungselemente zwischen wichtigen Organisationseinheiten, Teams, Business Units, Regionen und externen Partnern.
- Verbindungselemente dürfen kein Abstellgleis für unbequeme Mitarbeiter sein, sondern sollen einen Mehrwert für beide Seiten schaffen.
- Interoperabilität deiner Daten und Systeme ist die Voraussetzung für ein vernetztes Lagebild und die Integration aller Stakeholder (auch externer). Berücksichtige dies bei der Beschaffung und Entwicklung.
- Interne Kooperation nutzt Synergien und vermindert unnötige Redundanzen.
- Externe Kooperation ermöglicht das Nutzen nicht vorhandener Fähigkeiten, darf aber nicht zu einem Verlust deiner Kernkompetenzen führen.

Befähige deine Teams zur selbstständigen Aufgabenerfüllung.

- Ziel ist die Fähigkeit zur selbstständigen Aufgabenerfüllung deines Teams.
- Nutze die Standardgliederung für Normaufgaben, ermögliche eine temporäre Unterstützung (Zusammenarbeit oder Zuteilung) für zeitlich begrenzte Aufgaben.
- Forciere eine aufgabenbezogene Struktur (Task Force) für längerfristige Aufgabenstellungen – spiegle dein Gegenüber.

Schaffe ein gemeinsames Bewusstsein in der Organisation.

- Schaffe ein vernetztes Lagebild, das deine Marktinformationen und Informationen über deine laufende Geschäftstätigkeit zusammenführt.
- Ermögliche passive Synchronisation durch Integration aller relevanten Stakeholder in dein vernetztes Lagebild.
- Nutze passive Sensoren/Daten und aktiv eingebrachte Informationen und stelle die daraus aufbereitete Information allen Mitarbeitern zentral zur Verfügung.
- Fordere alle Mitarbeiter auf, neue Informationen und Erfahrungen aktiv in das Team/die Organisation zu bringen.
- Forciere ständige, transparente Kommunikation und Zusammenarbeit innerhalb der Organisation.
- Synchronisiere aktiv durch regelmäßige und anlassbezogene Kommunikation (abgestimmt auf deinen Geschäftsrhythmus).

Um einen Blick auf dein Team zu werfen und zu sehen, wo du anfangen kannst, kannst du das Canvas der Vernetzten Organisation verwenden. Es enthält für jeden Bereich einige Fragen, mit denen du beginnen kannst, das Potenzial zu entdecken. Gehe einfach die Fragen durch und überlege, was du bereits nutzt und wo du noch Potenzial für konkrete Maßnahmen hast.

Vernetzte Organisation Canvas

Schaffe eine ***intelligente, vernetzte*** *und* ***adaptive*** *Organisati*
dynamischen Welt *zu agieren*

Grundlagen

„Zutaten“

- Habt ihr eine Vertrauenskultur in eurer Organisation?
- Wird Feedback geschätzt und Fehler als Lernchance(n) wahrgenommen?
- Wird Verantwortung übertragen und eingefordert?
- Wird Weiterentwicklung aktiv und zielgerichtet gefördert und gefordert?

Team

„ Fördere Kreativität & Initiative“

- Kennt mein Team die Intention der 2 übergeordneten Führungsebenen?
- Kennt mein Team das „Wozu“ und „ Was“ aber kann das „Wie“ selbst definieren?
- Sind die Grenzen des „Wie“ klar definiert und kennt mein Team sie?
- Übernimmt mein Team aktiv die Verantwortung für die übertragene Aufgabe?
- Hat das Team E-2-E Verantwortung und die notwendigen Ressourcen, um das Ziel zu erreichen?

Canvas Vernetzte Organisation

n **nachhaltig erfolgreich** in einer

Richtung

„Schaffe Klarheit & Struktur"

- Was ist die Vision/Mission/Strategie eurer Organisation?
- Leisten eure Teamziele einen klaren Beitrag zur Erreichung der Unternehmensziele?
- Sind die Ziele der Organisation und Teilbereiche transparent und ermöglichen Selbstorganisation?
- Habt ihr Werte oder relevante Prinzipien?

Vernetzung

„ Vernetze deine Organisation"

- Mit welchen „Bereichen" haben wir regelmäßig Interaktion und/oder Missverständnisse?
- Welche Fähigkeiten könnten wir anbieten oder benötigen wir?
- Welche Informationen benötigen wir oder andere regelmäßig?
- Sind wir ausreichend abgestimmt bzw. mit den anderen Teams vernetzt?
- Sind unsere Systeme und Prozesse interoperabel (intern & extern)?

Zusammenfassung

Auch wenn Streitkräfte und Organisationen inhaltlich wenig Überschneidungen aufweisen, gibt es auf einer Metaebene viele Gemeinsamkeiten zwischen dem heutigen Geschäftsumfeld und dem hybriden Gefechtsfeld der Streitkräfte. Um in einem komplexen und unsicheren Umfeld erfolgreich agieren zu können, benötigen alle Organisationen ausreichend Vielfalt[29] und Flexibilität, um ihre Ziele zu erreichen. Daraus resultiert eine verbesserte Anpassungsfähigkeit, Wettbewerbsfähigkeit, Agilität und Robustheit gegenüber Störungen aus dem Umfeld.

Durch die Übertragung von Elementen moderner militärischer Führung in angepasster Form auf die eigene Organisation können die Voraussetzungen für eine dringend notwendige Resilienz geschaffen werden. Dies kann bereits durch eine zentrale Führung mit entsprechenden dezentralen Umsetzungsfreiräumen erreicht werden. Damit forciert man einerseits unternehmerisches Handeln und Innovation durch Kundennähe und Flexibilität. Andererseits kann durch die Fokussierung auf die aus dem Unternehmenszweck abgeleiteten strategischen Ziele der Intention der Organisation Rechnung getragen werden.

Die konsequente Umsetzung der dargestellten vernetzten Einsatzführung ermöglicht es Streitkräften und Organisationen, schnell auf Veränderungen zu reagieren. Gelingt es, in der Reaktionsfähigkeit dauerhaft schneller zu sein als der Gegner oder Konkurrent, wird ein entscheidender Wettbewerbsvorteil generiert.
Im Zentrum der Vernetzten Organisation steht der Mensch als Führungskraft, in den zur Sicherung der hohen Qualität viel investiert wird. Eingebettet in hierarchische, aber durchlässige Führungsebenen mit unterschiedlichen Aufgaben und Planungshorizonten ermöglicht der Entscheidungsprozess in Verbindung mit den Führungsgrundsätzen ein flexibles und dezentrales Wirtschaften.

Kern dieser Führungsphilosophie ist die organisationsweite Fokussierung auf den Purpose oder das WARUM. Wie schon Viktor Frankl sagte - „ein WARUM verträgt viele WIE". Genau dieses WIE kann dann durch die Übernahme von Verantwortung bei der Nutzung von Handlungsspielräumen in der Umsetzung genutzt und gestaltet werden. Diese beiden Elemente ermöglichen es, den strategischen Zweck durch die konsequente Umsetzung strategischer Ziele durch dezentrale Einheiten auch unter hochdynamischen Bedingungen zu erreichen.

29 „Only variety can destroy variety." (Ashb , 1956)

Diese seit 150 Jahren erprobte und bewährte Führungsphilosophie schafft die Grundlage für eine intelligente, vernetzte und adaptive Organisation. Die vier Kernelemente sind:

1. ***Führen durch Auftrag** als Führungsprinzip: „Sage WARUM es WAS zu erreichen gilt, aber lasse Handlungsspielraum beim WIE."*

2. *Ermögliche **Kreativität** durch Fordern und Fördern deiner Mitarbeiter und Führungskräfte.*

3. *Schaffe **Klarheit** in deiner Organisation durch ein klares Ziel mit **Purpose** und dessen Transformation durch alle Ebenen, unterstützt durch Werte und Prinzipien.*

4. ***Vernetze deine Teams** durch Verbindungselemente, aufgabenbezogene Strukturen und durch Informationsaustausch.*

Für Führungskräfte und Organisationen, die Kundenorientierung, Purpose-driven-Leadership oder Anpassungsfähigkeit anstreben, kann *Führen durch Auftrag* als gemeinsame Führungsphilosophie dienen. Je nach Geschäftsumfeld oder Dynamik in einem Bereich kann mehr oder weniger Handlungsspielraum eingeräumt werden, und unterschiedliche Konzepte wie „Agile Leadership" oder „Servant Leadership" können nahtlos integriert werden.

Die Fähigkeit, flexibel und sinnorientiert zu führen, ist vor allem in Unternehmen mit hoher Komplexität und widersprüchlichen Anforderungen angebracht. In Unternehmen mit stabilen und langfristigen Anforderungen oder mit Standardprodukten/Massenproduktion ist das klassische Management und die hierarchische Organisation nach wie vor ein probates Mittel, um Effizienz und Produktivität zu erreichen. *Führen durch Auftrag* ermöglicht es, beide Welten miteinander zu verbinden.

Damit sind wir am Ende unseres interaktiven Buches angelangt und kommen zu unserer letzten, von mir gestarteten Reflexion.

Was wirst du am Montag konkret umsetzen oder anders machen?

Ich hoffe, du hattest beim Lesen dieses Buches mindestens so viel Freude wie ich beim Schreiben und in meinen Workshops. Ich wünsche dir viel Spaß und Erfolg beim Ausprobieren deiner Ideen auf dem Weg zu einer Vernetzten Organisation. Ich freue mich auf dein Feedback, sowie auf Verbesserungsvorschläge und Erfolgsgeschichten ;)

Los geht's:

Bring das gesamte Potenzial deines Teams in eine gemeinsame Richtung!

Notizen

Anhang

MILITÄRISCHE FÜHRUNGSGRUNDSÄTZE

Führungsgrundsätze sind aus Theorie und Praxis entwickelte und festgelegte allgemeine Leitlinien zur Führung von Truppen. Das Österreichische Bundesheer hat derzeit 13 Führungsgrundsätze definiert:

1. **Klares Ziel** ist ein Führungsgrundsatz, nach dem jede Handlung auf das Erreichen des Erfolgs ausgerichtet sein muss. Im Zuge der Befehlsgebung ist das klare Ziel des Handelns deutlich zu formulieren und zu kommunizieren. Das klare Ziel steht in direktem Zusammenhang mit der wesentlichen Leistung.
2. **Einheit der Führung** ist ein Führungsgrundsatz, nach dem die militärische Führung auf den Prinzipien der ungeteilten Verantwortung und der klaren Befehlsverhältnisse beruht.
3. **Initiative** ist ein Führungsgrundsatz, nach dem der vorhandene Handlungsspielraum aktiv zu nutzen ist, wodurch die Handlungsfreiheit bewahrt wird.
4. **Schwergewichtsbildung** ist ein Führungsgrundsatz, nach dem in der Entscheidung alle benötigten Kräfte zum richtigen Zeitpunkt am richtigen Ort auf das Ziel zu konzentrieren sind. Das Schwergewicht steht daher in direktem Zusammenhang mit der wesentlichen Leistung.
5. **Kooperation** ist ein Führungsgrundsatz, der die enge und leistungsfähige Zusammenarbeit aller militärischen und/oder zivilen, nationalen wie internationalen am Einsatz Beteiligten fordert, wodurch die Wirkungsmöglichkeiten vermehrt und die Erfolgswahrscheinlichkeit erhöht werden.
6. **Ökonomie der Kräfte** ist ein Führungsgrundsatz, der erfordert, die Truppe ihrer Eigenart und Leistungsfähigkeit entsprechend sparsam und ausgewogen zu verwenden, sie in der Entscheidung jedoch in voller Leistungsfähigkeit zur Wirkung zu bringen.
7. **Reservenbildung** ist ein Führungsgrundsatz, wonach als wichtiges Mittel zur Beeinflussung des Einsatzverlaufs und zur Wahrung der Handlungsfreiheit stets Kräfte, vorerst ohne spezifischen Auftrag, bereitzuhalten sind. Reserven werden auf allen Führungsebenen gebildet bzw. der gefechtstechnischen Führungsebene im Anlassfall befohlen.
8. **Beweglichkeit** ist ein Führungsgrundsatz, der Schnelligkeit des Denkens und Handelns fordert, vor allem im reibungslosen Wechsel der Verfahren und im schnellen Verlagern des Schwergewichts.
9. **Einfachheit** ist ein Führungsgrundsatz, der eine geradlinige, unkomplizierte und verständliche Vorgehensweise unter sich stets ändernden Bedingungen fordert.
10. **Überraschung und Täuschung** ist ein Führungsgrundsatz, dessen Einhaltung es ermöglicht, den Gegner unerwartet zu treffen. Oft ist Überraschung oder Täuschung das einzige Mittel, um ein ungünstiges Kräfteverhältnis auszugleichen.
11. **Synchronisation** ist ein Führungsgrundsatz, der die vorbereitete und ständige Abstimmung von Wirkungsträgern fordert mit dem Zweck, einen beabsichtigten Effekt zu maximieren. Auf den taktischen und gefechtstechnischen Ebenen erlangt vor allem die Synchronisation der Faktoren Feuer und Bewegung besondere Bedeutung.

12. **Schutz und Sicherheit** ist ein Führungsgrundsatz, der Maßnahmen und Mittel zur Herabsetzung der Gefährdung von Personal, Gerät, Einrichtungen und des Einsatzerfolgs überhaupt zur Erhaltung der Handlungsfreiheit und Wirksamkeit fordert. Eine Vorgabe des maximal einzugehenden Risikos kann die Handlungsfreiheit des Kommandanten massiv beeinflussen.
13. **Informationsüberlegenheit** ist ein Führungsgrundsatz, der umfassende Maßnahmen zur Sicherstellung einer qualitativen wie zeitlichen Dominanz gegenüber dem Gegner in Bezug auf die zur Verfügung stehenden Informationen fordert, insbesondere beim kritischen Informationsbedarf. Dabei kommen dem Informationsalter und der Informationssicherheit besondere Bedeutung zu. Das Bemühen um Informationsüberlegenheit ist elementarer Bestandteil der ständigen Lagefeststellung und begründet unter anderem in weiterer Folge die Führungsüberlegenheit.(Definition ÖBH)

MILITÄRISCHES FÜHRUNGSVERFAHREN

Das ÖBH beschreibt das Führungsverfahren als einen „zielgerichteten, in sich geschlossenen Denk- und Handlungsablauf zur Lösung von Führungsaufgaben". Es nimmt dabei auf den Führungsebenen unterschiedliche Ausprägungen an, folgt aber immer demselben Grundschema und eignet sich vorzüglich zur strukturierten Analyse und Lösung von generellen Problemstellungen.

Das Führungsverfahren besteht aus acht Elementen, die nachfolgend inhaltlich erläutert werden.

1. Die ***ständige Lagefeststellung*** und laufend aktualisierte Lagedarstellung ist Kern des Führungsverfahrens und dient der Schaffung eines klaren Lagebildes als Basis jeglicher Führungstätigkeiten.
2. Die ***einleitende Lagefeststellung*** dient der Verarbeitung einer einlangenden Führungsgrundlage, der Schaffung eines adaptierten Lagebildes, dem Erkennen der Notwendigkeit zur Durchführung einer geordneten Planung und der ordnungsgemäßen organisatorischen Einleitung des Abschnitts der Orientierung.
3. Bei der ***Orientierung*** sind alle relevanten, die weitere Entscheidungsfindung betreffenden Rahmen- und Schlüsselfaktoren zu ergründen und somit der Rahmen der weiteren ***Entscheidungsfindung*** inhaltlich und organisatorisch festzulegen.
4. In der Entscheidungsfindung sind alle relevanten Detailfaktoren zu beurteilen, um schlussendlich eine Entscheidung für eine Handlungsvariante fällen zu können.
5. In der ***Planung der Durchführung*** ist die Entscheidung in ein klares, synchronisiertes Handeln zu überführen; alle Detailplanungen sind als Basis für die Befehlsgebung diesbezüglich durchzuführen.
6. In der ***Handlungsanweisung*** wird die geplante Art der Verwendung der zugewiesenen Kräfte und Mittel festgelegt. Alle notwendigen Maßnahmen der Kommunikation zur Klarstellung des Befehls sind hier aufzunehmen.

7. Unter ***Durchführung*** wird, in diesem Zusammenhang, die Vorbereitung und Umsetzung der durch die Führung geplanten und angeordneten Maßnahmen verstanden. Die Durchführung ist somit die umstandsangepasste Freisetzung der Ressourcen zum Erreichen eines gestellten Zwecks. Die Durchführung weist selbst intern Führungsprozesse auf, dennoch zählt sie zu den Hauptprozessen.
8. Die ***Kontrolle*** dient dem Erkennen des erfolgreichen, ziel- und zweckorientierten bzw. davon abweichenden Nutzbarmachens von Ressourcen. Getroffene Lehren sind als Basis für die weitere Führung zu verwenden" (Quelle: Bundesheer).

Die detaillierten Unterpunkte des Führungsverfahrens sind nachfolgend dargestellt.

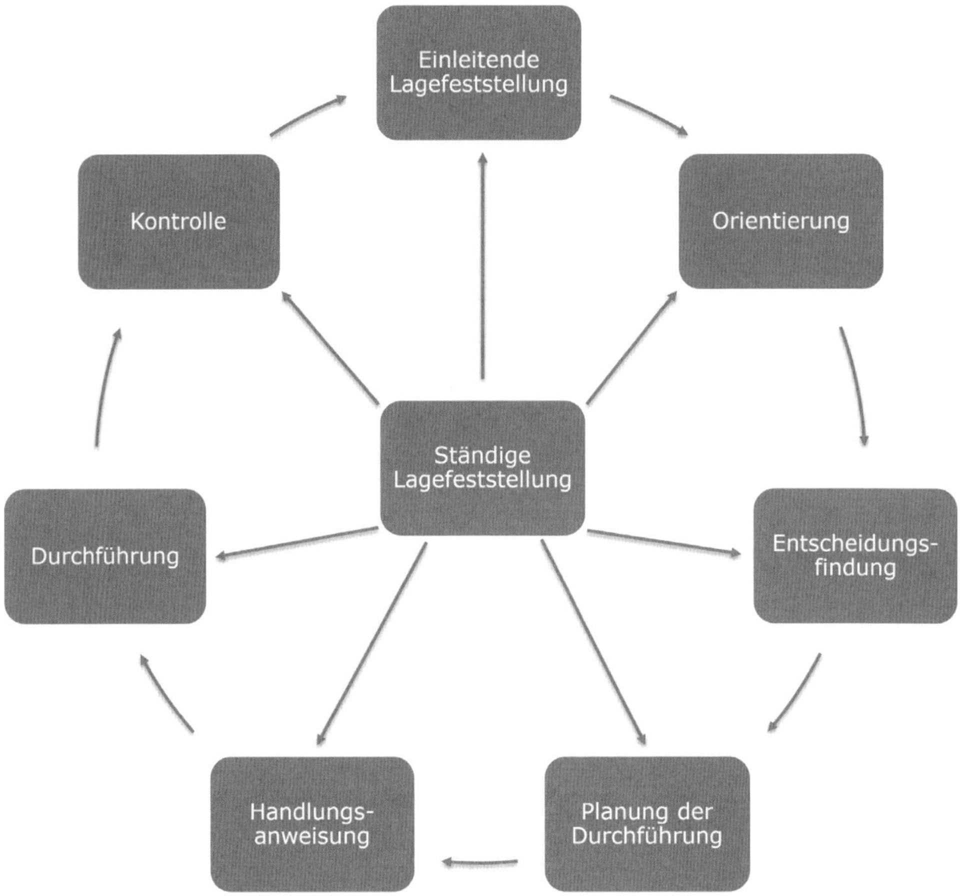

Grundschema des Führungsverfahrens (ÖBH, 2007, S. 59)

SCHRITTE DES FÜHRUNGSVERFAHRENS

1. Einleitende Lagefeststellung

2. Orientierung

2.1. Erfassen des Auftrags
- 2.1.1 Absicht des vorgesetzten Kommandanten und der über ihm liegenden Führungsebene
- 2.1.2 Erfassen des Auftrags in taktischer Hinsicht
- 2.1.3 Erfassen des Auftrags in zeitlicher Hinsicht
- 2.1.4 Sofortmaßnahmen
- 2.1.5 Einschränkungen des Handlungsspielraums
- 2.1.6 Wesentliche Leistung

2.2 Planungsvorgaben des Kommandanten

3. Entscheidungsfindung

3.1 Beurteilung der Lage
- 3.1.1 Beurteilung der Lage der Konfliktparteien
  - 3.1.1.1 Lagefeststellung der Konfliktparteien
  - 3.1.1.2 Absicht der Konfliktparteien im Großen
  - 3.1.1.3 Beurteilung der Möglichkeiten der Konfliktparteien
  - 3.1.1.4 Vermutliche Absicht der Konfliktparteien im Verantwortungsbereich des eigenen Verbandes

- 3.1.2 Beurteilung der Umfeldbedingungen
  - 3.1.2.1 Beurteilung des Geländes
    - 3.1.2.1.1 Bewertung des Geländes im Großen
  - 3.1.2.1.2 Einfluss des Geländes auf die Einsatzführung der KP
  - 3.1.2.1.3 Taktisch zusammengehörendes Gelände
  - 3.1.2.1.4 Entscheidendes Gelände
  - 3.1.2.1.5 Einfluss des Geländes auf die eigene Einsatzführung
    - 3.1.2.2 Beurteilung von Klima/Wetter, Sicht, Tageszeit
    - 3.1.2.3 Lage und Verhalten der Bevölkerung, staatlicher und nicht staatlicher Organisationen
    - 3.1.2.4 Medienlage
    - 3.1.2.5 Andere Faktoren

3.1.3 Beurteilung der eigenen Lage
3.1.3.1 Feststellung der eigenen Lage
3.1.3.2 Verfügbarkeit der Kräfte
3.1.3.2.1 Quantitative Verfügbarkeit
3.1.3.2.2 Zeitliche Verfügbarkeit
3.1.3.3 Kräftevergleich
3.1.3.3.1 Kampfkraftvergleich
3.1.3.3.2 Kampfwertvergleich

3.2 Erwägungen
3.3 Entschlussfassung

4. Planung der Durchführung

4.1 Plan der Durchführung
4.2 Synchronisation von Kräften und Mitteln
4.3 Detailplanung für Durchführung

5. Befehlsgebung

6. Durchführung

7. Kontrolle

Notizen

Notizen